Kathrin Leinweber

Wie Frauen erfolgreich in Männerdomänen durchstarten

*Für meine Töchter Rosi und Elfi
und für alle starken Frauen von heute und morgen.*

Wir übernehmen Verantwortung! Ökologisch und sozial!
- Verzicht auf Plastik: kein Einschweißen der Bücher in Folie
- Nachhaltige Produktion: Verwendung von Papier aus nachhaltig bewirtschafteten Wäldern, PEFC-zertifiziert
- Stärkung des Wirtschaftsstandorts Deutschland: Herstellung und Druck in Deutschland

Kathrin Leinweber

Wie Frauen erfolgreich in Männerdomänen durchstarten

Externe Links wurden bis zum Zeitpunkt der Drucklegung des Buches geprüft. Auf etwaige Änderungen zu einem späteren Zeitpunkt hat der Verlag keinen Einfluss. Eine Haftung des Verlages ist daher ausgeschlossen.

Ein Hinweis zu gendergerechter Sprache: Die Entscheidung, in welcher Form alle Geschlechter angesprochen werden, obliegt den jeweiligen Verfassenden.

Bibliografische Information der Deutschen Nationalbibliothek

Die Deutsche Nationalbibliothek verzeichnet diese Publikation in der Deutschen Nationalbibliografie; detaillierte bibliografische Daten sind im Internet über http://dnb.d-nb.de abrufbar.

ISBN 978-3-96739-186-2

Lektorat: Christiane Martin, Köln | www.wortfuchs.de
Umschlaggestaltung: Tina Mayer-Lockhoff, Berlin
Umschlagabbildung: Generative AI – Resilient Business Woman Facing an Old Lion © Ezio Gutzemberg / Adobe Stock # 613388123
Autorenfoto: Harsha Gramminger, NYC
Satz und Layout: Lohse Design, Heppenheim | www.lohse-design.de
Druck und Bindung: Salzland Druck, Staßfurt

© 2024 GABAL Verlag GmbH, Offenbach
Alle Rechte vorbehalten. Vervielfältigung, auch auszugsweise, nur mit schriftlicher Genehmigung des Verlages.

Wir drucken in Deutschland.

www.gabal-verlag.de
www.gabal-magazin.de
www.facebook.com/Gabalbuecher
www.twitter.com/gabalbuecher
www.instagram.com/gabalbuecher

PEFC zertifiziert
Dieses Produkt stammt aus nachhaltig bewirtschafteten Wäldern und kontrollierten Quellen.

www.pefc.de

Inhaltsverzeichnis

Das Salz in der Suppe! 7

1. Breaking Boundaries: Frauen erobern Männerwelten und brechen Stereotype 9

Mehr Weiblichkeit in der Wirtschaft:
Warum der Markt Sehnsucht nach Frauen hat 10

Von Vorurteilen, Stereotypen und schrägen Anmachen:
Herausforderungen für Frauen in Männerbranchen 17

Wer Frauen versteht, kann auch durch Null teilen:
Die geheimen Wünsche von Business-Frauen 33

2. Frauenpower pur: Die faszinierende Welt weiblicher Präsenz im Business 45

Das weibliche Gehirn im Hormonrausch:
Warum Frauen anders denken als Männer 46

High Performance ist weiblich:
Außergewöhnliche Leistungsbereitschaft unter Frauen 61

Die Dornröschen-Illusion:
Wie Frauen ihren eigenen Erfolg sabotieren 76

3. Knifflige Business-Dynamik: Von Rivalität und Solidarität zwischen Männern und Frauen 87

Die fiesen Tricks der Kerle:
Wenn Männer den Frauen das Business-Leben schwer machen 88

Von Macho-Attitüden bis Emanzipation:
Wie Männer den Umgang mit starken Frauen lernen können 114

Lass die Zicke von der Leine: 123
Weg von Stutenbissigkeit und Konkurrenzdenken 123

Business-Frauentypen:
Von Geschäftskatzen, Kontaktköniginnen, Planungsgöttinnen und Friedensstifterinnen 136

4. Powerfrauen-Formel: Hacks und Strategien für den Durchbruch in männlich dominierten Branchen 155

Alpha-Weibchen tragen High Heels:
Wie du deine weiblichen Qualitäten raffiniert und stilecht nutzt 156

Best Practice:
Wie Unternehmen durch gezielte Maßnahmen Frauen fördern können 176

Auf dicke Hose machen:
Die Top-10-Hacks für Frauen in männerdominierten Branchen 188

Quellenverzeichnis 198

Die Autorin 205

Das Salz in der Suppe!

Ich liebe es, eine Frau zu sein – als Mutter, als Freundin, als Ehefrau, als Tochter und als Business-Frau. Doch ganz unter uns: Manchmal habe ich mich dabei ertappt, darüber nachzusinnen, wie sie wäre, die Business-Welt, ganz ohne Männer. Es wäre eine Welt ohne Krawattenknoten, die sich hartnäckig weigern, so zu sitzen, wie sie sollen. Eine Welt, in der Meetings pünktlich beginnen, weil keiner mehr damit beschäftigt ist, die neuesten Fußballergebnisse zu diskutieren. Es wäre eine Welt, in der wir die Kopfschmerzen, die ein komplizierter Konferenzanruf verursacht, nicht ertragen müssten, weil kein Kollege versucht, sich mit seinem beeindruckenden Wissen über eine Telefonspinne zu profilieren. Eine Welt ohne endlose Debatten über die optimale Raumtemperatur, in der wir einfach die Klimaanlage am Arbeitsplatz so einstellen könnten, dass wir nicht erfrieren. Es wäre eine Welt ohne das Ärgernis, jemand könnte bei uns anrufen und so tun, als wären wir die Assistentin unserer männlichen Kollegen. Eine Welt, in der wir uns nicht ständig fragen müssten, ob das Outfit angemessen ist oder ob wir zu emotional reagiert haben. Es wäre eine Welt, in der wir uns nicht mehr den Kopf zerbrechen müssten, wie wir es schaffen, eine weibliche Führungskraft zu sein und gleichzeitig ein soziales Leben zu haben.

Aber hey, Ladys, wir dürfen ehrlich sein: Ohne Männer wäre die Business-Welt ganz sicher auch viel langweiliger. Wer würde uns die Tür aufhalten, wenn wir ins Meeting gehen? Wer würde uns mit abenteuerlichen Theorien über den nächsten »Big Deal« auf Trab halten? Wer würde uns mit nervenaufreibenden Verhandlungstaktiken herausfordern? Wer würde uns in den Kaffeepausen unsere Aufgaben im Projekt so verkaufen, als wären sie ein Sechser im Lotto? Wer würde uns im Dschungel von Alpha-Männchen retten und beschützen? Und wer würde lauthals aussprechen, was wir uns nur zu denken gewagt haben und damit Meetings in ein unterhaltsames Spektakel verwandeln? Also, liebe Männer, ihr seid das Salz in der Suppe! Wir lieben und brauchen euch in der Business-Welt, aber manchmal können wir uns einfach nicht zurückhalten, darüber nachzudenken, wie es wäre, wenn die Dinge ein bisschen anders wären ...

Dieses Buch ist sorgfältig recherchiert, angereichert mit vielen Erfahrungsberichten und Anekdoten von Teilnehmerinnen aus meinen Trainings und Coachings und natürlich gewürzt mit einer ordentlichen Portion Humor. Ich danke von Herzen meinen zauberhaften Interviewpartnerinnen Laura Luft (Rennfahrerin), Stefanie Bauer (Maschinenbaustudentin), Elena Springub (Strategiechefin des B2B-IoT-Bereichs in einem DAX-Konzern), Sabrina von Nessen (ehemals Vorständin eines IT-Unternehmens), Jenny Z. (Rettungssanitäterin bei der Bundeswehr) und Doris Eiberger (Vertriebsdirektorin Vermögensmanagement), dass ihr Rede und Antwort gestanden habt und bereit seid, mit mir eine Business-Welt zu gestalten, in der Frauen und Männer gemeinsam Großes erreichen können.

Also, liebe Leserinnen und geschätzte Mitleser, ich wünsche euch viel Inspiration beim Lesen dieses Buches. Taucht ein in eine Welt voller inspirierender Geschichten und humorvoller Einsichten! Lasst euch von den Erfahrungen und Erkenntnissen von Frauen in einer (noch) männlichen Business-Welt ermutigen, in einer Männerdomäne durchzustarten. Denn am Ende des Tages geht es darum, dass wir alle zusammenarbeiten und uns gegenseitig unterstützen, unabhängig von Geschlecht und Vorurteilen. Genießt die Reise durch diese faszinierende Welt der weiblichen Business-Power! Es wird ein wilder Ritt und ein Abenteuer. Auf geht's!

1.
Breaking Boundaries:
Frauen erobern Männerwelten und brechen Stereotype

Mehr Weiblichkeit in der Wirtschaft:
Warum der Markt Sehnsucht nach Frauen hat

»Ich habe kein Problem, die einzige Frau unter Männern zu sein, solange ich meine Seltenheit zur Besonderheit mache.«

»Ihr Training war Weltklasse heute. Wahnsinn, wie Sie es geschafft haben, eine Horde Männer so in Schach zu halten.« Herr P., Abteilungsleiter eines mittelständischen IT-Unternehmens, stellt sein Bier an der Bar ab und legt seine Unterarme besitzergreifend auf den Tresen. Die Ärmel seines weißen Hemdes sind leger hochgekrempelt. Seine Krawatte hängt locker um den Hals. »Es ist äußerst schade, dass Sie keine einzige Frau in Ihrem Team haben«, erwidert seine Gesprächspartnerin Frau L. »Warum ist das so?« Der Gesichtsausdruck von Herrn P. ändert sich. Seine Mundwinkel verziehen sich zu einem zynischen Grinsen. Er beugt sich vertraulich zu Frau L. hinüber und spricht nun in einem gedämpften Ton: »Jetzt mal unter uns, nichts gegen Sie, aber braucht es jetzt auch noch Frauen auf dem Pavianhügel? Da, wo der Platz doch eh schon eng genug ist. Wenn das so weitergeht, wird bald nicht mehr der Mann, sondern die Frau in den Unternehmen das Sagen haben.« Frau L. schaut ungläubig, fast amüsiert. Sie muss feststellen, dass Herr P. leider kein origineller Einzelfall ist. Denn bevor sie beherzt antworten kann, mischt sich Herr S., seines Zeichens auch ebenfalls Führungskraft im gleichen Unternehmen, ungehemmt ins Gespräch ein: »Territorium bleibt Territorium. Wenn Frauen einfach unaufgefordert in unsere Welt reinplatzen, müssen sie sich nicht wundern, wenn wir unser Revier verteidigen.«

Klingt nach Stammtischgespräch oder einer konstruierten Begebenheit? Wohl kaum – es ist vielmehr eine wahre Begebenheit, die die Autorin so erlebt hat. Was im ersten Moment den einen oder anderen Mund knäckebrottrocken werden lässt, ist leider immer noch Alltag in der deutschen Wirtschaft. Frauen, die in Männerbranchen arbeiten und erfolgreich sein wollen, treffen auf Hindernisse, die ab und an sogar aus dem Zeitalter des Neandertalers stammen könnten. Eines steht jedoch außer Frage: Bewegungen auf dem bisher fremden Territorium bedürfen einer gewissen Vorbereitung auf beiden Seiten.

Der Countdown läuft: Der FemDAX – er kommt

Es ist offiziell: Der Markt hat Sehnsucht nach Frauen. Die Wirtschaft wird endlich weiblicher! Frauen erobern männerdominierte Wirtschaftsbereiche und sorgen für frischen Wind, Aufsehen und Vielfalt in der bisher männlichen Business-Welt. Dieser Trend zeichnet sich immer mehr ab und ist nicht aufzuhalten. Es ist kein Geheimnis, dass Frauen auf dem Arbeitsmarkt immer gefragter werden. Frauen werden zunehmend in Branchen und Positionen eingestellt, die früher von Männern dominiert wurden. Und das aus gutem Grund: Frauen bringen wertvolle Eigenschaften, Fähigkeiten und Talente mit, die Unternehmen zu schätzen wissen. Ihre Schaffenskraft wird gebraucht. Frauen sind einfach eine Bereicherung für klassische Männerdomänen.

Doch von einem neuen weiblichen Börsenindex, dem FemDAX, der nur Unternehmen berücksichtigt, die von Frauen geleitet werden, sind wir meilenweit entfernt. Der Weg zur erfolgreichen Karriere in einer sogenannten »Männerbranche« ist oft steinig und mit zahlreichen Hindernissen gepflastert. Denn wenn Frauen in Männerdomänen vordringen, stehen sie vor Herausforderungen, die weitaus größer sind als kleine Maulwurfshügel. Und diese können auch von der kontrovers und heiß diskutierten Frauenquote nicht vollumfänglich gelöst werden. Bevor wir nun also lauthals die Damenwelt mit den Worten »Ladys, worauf wartet ihr noch? Es ist Zeit, eure Power auf dem Markt zu entfalten und die Business-Welt zu bereichern!« anfeuern, gibt es noch einiges zu tun.

Weiblicher Business-Alltag: Teflon-Anzug oder High Heels

Eine der größten Herausforderungen für Frauen ist es, den Respekt männlicher Kollegen zu gewinnen. Außergewöhnliche Leistungsbereitschaft und Verhandlungsgeschick sind gefragt, um akzeptiert und ernst genommen zu werden. Frauen müssen oftmals deutlich mehr leisten, um denselben Erfolg wie ihre männlichen Kollegen zu erzielen. Selbst wenn Frauen mehr leisten als ihre männlichen Kollegen, erhalten sie oft nur geringere Anerkennung. Dies ist nicht nur ungerecht, sondern auch ein Hindernis für die Karriereentwicklung. Es gibt leider immer noch eine Kluft zwischen den Gehältern von Männern und Frauen in vielen Branchen und Ländern.

Die zunehmende weibliche Präsenz in Männerbranchen hat auch Auswirkungen auf die überholten Rollenbilder von Frauen und Männern in der Gesellschaft. Schlagfertigkeit und eine gesunde Portion Humor sind wichtig, um Stereotypen, Vorurteilen und schrägen Anmachen den Wind aus den Segeln zu nehmen. Denn in männlich dominierten Bereichen wird vor Vorurteilen und Stereotypen nicht Halt gemacht. Und auch das ist durchaus menschlich – Menschen sind Schubladendenker. Gerade Frauen, die in typischen Männerbranchen wie z. B. in den MINT-Branchen, in der IT, der Automobilbranche, in TECH-Unternehmen oder im Maschinenbau arbeiten, werden gern in Schubladen gepackt. Sie hören sich leider nach wie vor an, dass Frauen in technischen Berufen nicht wirklich so gut abschneiden wie Männer. Dabei gibt es zahlreiche erfolgreiche Frauen in der IT- und Technologiebranche, die beweisen, dass diese Annahme völlig unbegründet ist.

Macho-Attitüden: Umgang mit dem weiblichen Dauergast

Erwartet dich nun ein weiteres Buch über Frauenquoten? Ein weiteres Buch darüber, warum Männer fiese Kerle sind und den Frauen das Leben im Business schwer machen? Nicht wirklich. Im Grunde meines Herzens mag ich Männer unfassbar gern. Und ich kann sie sogar verstehen. Einstein hat einmal sehr passend ausgedrückt: »Manche Männer bemühen sich lebenslang, das Wesen einer Frau zu verstehen. Andere befassen sich mit weniger schwierigen Dingen z. B. der Relativitätstheorie.« Mit anderen Worten: Es ist verständlicherweise nicht immer leicht für Männer, wenn bisher männerdominierte Arbeitsbereiche nun auch vom schönen weiblichen Geschlecht »bevölkert« werden. Warum sollte das, was schon im normalen Alltag zwischen Mann und Frau oft zur Herausforderung wird, im Business-Alltag außen vor bleiben? Es braucht Zeit und gegenseitiges Verständnis, damit Männer und Frauen sich besser verstehen und unterstützen können. Dies erfordert oft ein Umdenken und die Entwicklung neuer Fähigkeiten auf beiden Seiten. Ein sofortiges Umschalten ist nicht immer möglich.

Natürlich ist es überaus verlockend, einfach zu sagen: »Jungs, ändert euch endlich! Ihr müsst akzeptieren, dass wir Frauen jetzt ganz vorn mitspielen. Legt eure archaischen Rollenbilder ab und kommt mit uns in die moderne Welt!« Doch unter uns: Starke Männer haben keine Angst vor starken Frauen. Und clevere Frauen lassen Männer Helden sein. Es ist hinreichend schwer, jemanden verändern zu wollen. Wir dürfen uns vielmehr ganz positiv, neugierig, wohlwollend und kooperativ annähern. Wir können voneinander lernen und uns gegenseitig unterstützen. Denn letztendlich geht es darum, dass wir uns allen mehr Appetit darauf machen, gemeinsam die Business-Welt zu gestalten und dabei unsere Unterschiede als wunderbare Bereicherung zu sehen.

> *»Wenn ich mit Männern ins Gespräch komme, habe ich von Anfang an immer den Stempel bekommen: ›Blondine‹. Ja, okay, ich bin eine Blondine und ich kann es trotzdem. Warum denn nicht!«*
>
> STEFANIE

Doch bisher haben wir nur einen Teil der unangenehmen Wahrheit beleuchtet. Hier kommt nun ein weiterer Teil des Dramas: Nicht selten stehen sich Frauen in Männerbranchen auch selbst im Weg und sabotieren ihren eigenen Erfolg. Die Liste der Selbstsabotagen ist zu lang, um sie vollumfänglich darzustellen. Doch auch ein kleiner Auszug reicht oft aus, um uns selbst zu ertappen, wachzurütteln und den Finger nicht mehr auf nur auf die Männer zu richten. Deshalb kommt hier ein Auszug aus den unangefochtenen Dauerbrennern:

Frauen kopieren gern im Teflon-Anzug das Verhalten ihrer männlichen Kollegen, spielen das bissige Alpha-Weibchen und vergessen dabei, dass sie mit ihrer weiblichen Eleganz einen riesigen Erfolgsfaktor in die Wiege gelegt bekommen haben.

Oftmals geben sich Frauen der Dornröschen-Illusion hin. Sie wollen entdeckt werden, bevor sie selbst auf sich und ihre erreichten Erfolge aufmerksam machen. Ein Hauptproblem dieser Illusion ist, dass Frauen weniger bereit sind, sich selbst zu promoten und ihre erreichten Erfolge in den Vordergrund zu stellen. Dies kann dazu führen, dass sie weniger Gehaltserhöhungen oder Beförderungen erhalten als ihre männlichen Kollegen, die oft selbstbewusster und proaktiver sind, wenn es darum geht, auch mal auf dicke Hose zu machen. Das ist u. a. ein Grund, warum Frauen nach wie vor weniger verdienen.

Auch neigen Frauen deutlich häufiger als ihre männlichen Kollegen dazu, sich selbst zu unterschätzen und haben oft Zweifel an ihren Fähigkeiten und Qualifikationen. Dies kann dazu führen, dass sie sich bei Positionen oder Projekten, für die sie geeignet wären, zurückhalten.

Eine Herausforderung ist, dass Frauen oft weniger Unterstützung und Mentoring erhalten als ihre männlichen Kollegen. Frauen haben in der Business-Welt bisher noch weniger Netzwerke als Männer, weshalb ihnen bisher einige Türen verschlossen geblieben sind. Frauen haben in den letzten Jahrzehnten unglaubliche Fortschritte in der Geschäftswelt gemacht. Sie sind in der Lage, Spitzenpositionen in Unternehmen zu erreichen und erzielen in vielen Branchen enorme Erfolge. Doch während die Zahl erfolgreicher Frauen zunimmt, scheint auch ein Phänomen immer häufiger aufzutreten: Konkurrenz und Stutenbissigkeit unter Frauen. Frauen werden oft dazu erzogen, sich mit anderen Frauen zu messen, um die Aufmerksamkeit von Männern zu erhalten. In vielen Fällen werden Frauen sogar dazu ermutigt, andere Frauen als Bedrohung wahrzunehmen und sich gegen sie zu stellen. Frauen können sich aus diesem Grund manchmal allein und isoliert fühlen, wenn sie in einer männerdominierten Branche arbeiten, auch wenn sie selbst dazu beigetragen haben. Wieso lassen wir die Zicke nicht endlich von der Leine und helfen uns gegenseitig, erfolgreich zu sein?

Die Macht der Anziehung: Wie Frauen die Business-Welt verführen

Doch ich habe gute Nachrichten für dich – es gibt Hoffnung, wenn Yin auf Yang trifft. Frauen haben nicht nur das Potenzial, die Männerwelt im Business ordentlich durcheinander zu wirbeln. Sie haben gerade durch die Kraft ihrer Weiblichkeit das Potenzial, in männerdominierten Branchen sehr erfolgreich zu sein. Und dafür dürfen sie ihre Anmut, ihre Schlauheit und ihre weiblichen Eigenschaften mit Raffinesse nutzen, um die Hürden, die es für Frauen immer noch gibt, mit weiblicher Eleganz und Leichtigkeit zu überwinden.

Gegensätze ziehen sich immer an – das ist ein Sprichwort, das viele von uns kennen. Es beschreibt die Idee, dass gerade die Andersartigkeit von Menschen, die andere Persönlichkeiten, Interessen und Hintergründe haben, uns verführen und einen großen Reiz auf uns ausüben. Aber stimmt das wirklich oder ist es ein Gerücht, das sich hartnäckig hält? Eins ist klar: Zwei Alpha-Tiere, Sturköpfe oder Rampensäue kommen sich auf Dauer ganz sicher ins Gehege.

Doch ganz gleich, wie die Antwort aussieht: Schön ist doch, dass wir Gegensätze oft bewusst einsetzen können, um Aufmerksamkeit zu erzeugen, um ein Gesamtkunstwerk spannend und interessant zu machen, um zu provozieren und natürlich auch das Spotlight auf etwas zu richten, was durch die Seltenheit zur Besonderheit wird. Wenn High Heels auf Helden treffen, kann eine sehr spannende Konstellation entstehen, die Frauen nutzen können, um erfolgreich in männerdominierten Branchen durchzustarten. Auch wenn es vermeintlich noch viele Hürden für Frauen in Männerbranchen gibt, auch wenn wir uns manchmal selbst im Weg stehen und dies einer Fahrt mit angezogener Handbremse gleicht, eines dürfen wir nicht vergessen: Der Markt hat Sehnsucht nach Frauen und nach dir!

Von Vorurteilen, Stereotypen und schrägen Anmachen:
Herausforderungen für Frauen in Männerbranchen

»Du darfst nicht gleich beim ersten Buh den Kopf einziehen. Brust raus, weitermachen!«

An einem Dienstagmorgen um 10:30 Uhr finde ich mich in der beeindruckenden Lobby einer renommierten Investmentbank in Frankfurt wieder. Ein Gentleman, der mir als mein Interviewpartner für das Bewerbungsgespräch, das mich erwartet, vorgestellt wird, begrüßt mich herzlich. In meinem eleganten Rock, einem schlichten Top und meinen hochhackigen Schuhen steige ich neben ihm in den Aufzug. Sofort bemerke ich, dass ich ihn um mindestens einen Kopf überrage. Als sich die Türen des Aufzugs im 17. Stock öffnen, bietet sich mir ein atemberaubender Panoramablick über »Mainhattan«. In einem stilvoll eingerichteten Raum beginnt das eigentliche Gespräch.

Mein männliches Gegenüber, das sich mir als potenzieller Teamleiter präsentiert, stellt mir eine Fülle von Fragen und untersucht jede meiner Antworten sorgfältig. Nach einer intensiven Stunde eröffnet er mir das absurdeste Feedback, das ich jemals erhalten habe: »Ich kann Sie leider nicht einstellen. Zwar erfüllen Sie alle unsere fachlichen Anforderungen und wären ideal für diese Position, doch sind Sie zu attraktiv. Da ich ein Team habe, das nur aus Männern besteht, würde bei Ihrer Anwesenheit kein Mensch mehr arbeiten.«

Verwirrung, Unglaube, Ärger – alle Emotionen wirbelten in mir. Sollte ich in schallendes Gelächter ausbrechen oder mir die Tränen verkneifen? In diesem Moment überwältigte mich eher der Drang, die Flucht zu ergreifen. Und das sollte der Anfang meiner Karriere im Finanzbereich sein?

Schubladen im Kopf: Wie Stereotype und Vorurteile unser Verhalten beeinflussen

Keiner will sie, jeder hat sie: »Vor-Urteile«. Diese kleinen Biester, die wir alle in unserer mentalen Besteckschublade verstecken, auch wenn wir behaupten, wir wären frei davon. Sie sind das Express-Menü unseres Gehirns: Schublade auf, vorgefertigte Meinung raus, Schublade zu! Aber sind wir deshalb die bösen Buben auf dem Schulhof der Meinungen? Nein, eigentlich nicht. Laut den schlauen Köpfen der Vorurteilsforschung ist dies ein ganz natürlicher »Autopilot«-Modus unseres Denkens. Dadurch ersparen wir uns das ständige Grübeln über die Vielfalt der Welt. Wenn wir etwas über eine ganze Gruppe denken, sprechen wir von Stereotypen, beim Blick auf Einzelpersonen handelt es sich um Vorurteile. Und dann gibt es da noch das Subtyping[1], wenn etwa alle glauben: »Frauen und Politik – das passt nicht!« Und plötzlich taucht Angela Merkel auf. Und die Reaktion: »Na ja, sie ist eben die Ausnahme, die die Regel bestätigt.« Mit solchen Tricks halten wir an unseren Vorurteilen fest, egal wie viele Beweise uns das Gegenteil zeigen. Und das, liebe Leser:innen, ist Hartnäckigkeit auf höchstem Niveau!

> »Wenn du als Frau zum ersten Mal in ein Meeting reinkommst, wird mit einem ›Wissenscheck‹ schon getestet, wie kompetent du bist. Mann checkt auch, welchen Hintergrund Frau hat. Hat sie eine Familie, ist sie verheiratet, hat sie Kinder? Dann merkst du schon, dass ein Kopfkino abläuft. Da wird man schnell in gewisse Schubladen gesteckt.«
> DORIS

Der neueste UN-Bericht von 2023[2] gibt Aufschluss darüber, dass trotz gestiegenen Bewusstseins für Geschlechtergleichheit tief verwurzelte Vorurteile gegen Frauen in den letzten zehn Jahren unvermindert bestehen. Der Gender Social Norms Index (GSNI) verdeutlicht, dass Vorurteile gegenüber Frauen in den Bereichen Politik, Bildung, Wirtschaft und körperliche Integrität nach wie vor unvermindert bestehen, ohne Anzeichen einer Besserung. Die Ergebnisse sind alarmierend: 87 % der Frauen und 90 % der Männer unterstützen mindestens ein Vorurteil. Viele zweifeln am Wert von Frauen in der Demokratie, sehen Männer als bessere Politiker an, bevorzugen höhere Bildung für Männer und glauben, Männer sollten bei Arbeitsplätzen und Führungspositionen bevorzugt werden.[3]

Stereotype haben direkte Auswirkungen auf unser Selbstvertrauen und unser Leistungsvermögen. Sie sind wie kleine Performance-Diebe, die sich in unsere Köpfe schleichen und uns zuflüstern: »Hey, du kannst das nicht so gut wie die Männer!« Und schwups, schon vermasseln sie unsere Leistung. Wenn einer Frau immer wieder eingetrichtert wird, dass sie es nicht draufhat, dann verwandelt sich ihr Leistungsvermögen in eine Meisterleistung der Mittelmäßigkeit! Glaubst du nicht? Ist aber so! Und es trifft uns Frauen oft härter. Dies wurde in Studien belegt, in denen alle Teilnehmer eine einfache Aufgabe erhielten und zu dieser noch eine stereotype Botschaft wie etwa: »Männer sind in der Regel besser bei dieser Aufgabe« (mit der impliziten Schattenbotschaft: »Frauen sind also in der Regel schlechter«) oder »Männer sind in der Regel schlechter bei dieser Aufgabe« (mit der impliziten Schattenbotschaft »Frauen sind also in der Regel besser«). Beim positiv formulierten Vorurteil für Männer (»Männer sind in der Regel besser«) war eine Leistungssteigerung bei den Männern zu verzeichnen, aber eine dramatische Leistungsverschlechterung bei den Frauen, die die implizite Botschaft erhielten, dass sie in der Prüfung wahrscheinlich schlecht abschneiden würden.[4]

Vorurteile zu vermeiden ist in etwa so einfach, wie ein Wasserglas im Handstand zu trinken: verflixt schwer und mit nassen Folgen. Versuchen wir diese kleinen störrischen Gedanken zu unterdrücken, werden sie oft zum rebellischen Teenager, der genau das tut, was er nicht tun soll – sie melden sich paradoxerweise noch stärker zurück. Tatsächlich kann der Versuch, bestimmte Vorurteile bewusst zu unterdrücken, manchmal zu einem Bumerang-Effekt führen. Aber wie bändigt man sie nun? Der erste und wichtigste Schritt, um alltägliche Vorurteile abzubauen, besteht zunächst darin, sie zu erkennen und anzunehmen, dass niemand davon vollständig frei ist. Eine geniale Strategie ist es, mit schillernden Vorbildern zu arbeiten. Glauben wir beispielsweise, Frauen und Geldpolitik gehen nicht Hand in Hand, zaubern wir uns einfach Christine Lagarde aus dem Hut. Indem wir uns mit positiven Vorbildern umgeben, schaffen wir es, diese störrischen Vorurteile auszutricksen und unseren Horizont zu erweitern. Viele meiner cleveren Coachees bestätigen, dass es funktioniert. Natürlich funktioniert das auch andersherum, indem wir an Personen denken, die einem bestimmten Stereotyp widersprechen. Und falls es noch kein Role Model in deinem Unternehmen gibt? Dann herzlichen Glückwunsch! Die Bühne gehört dir. Du hast die Möglichkeit, dich als Pionierin auf unentdecktem Terrain zu bewegen und zum weiblichen Vorbild für deine Kolleginnen und Kollegen zu werden.

> *»Ich habe gelernt, mich niemals unterkriegen zu lassen.*
> *Wenn du in einer Männerdomäne deinen Weg gehen möchtest,*
> *dann geh ihn, egal was andere über dich sagen.«*
> STEFANIE

Frauen im Geschäftsumfeld und insbesondere in sehr männerreichen Branchen können verschiedenen Stereotypen und Vorurteilen begegnen. Im Folgenden kommen einige Klassiker, mit denen wir Frauen konfrontiert werden und die echte Stolpersteine im Business-Dschungel sein können, wenn wir mit ihnen nicht umzugehen wissen.

Heul leise, Chantal:
Wenn Frauen Emotionalität nachgesagt wird

Starten wir mit meinem absoluten Lieblings-Klassiker, Ladys. Oft selbst gehört habe ich den Spruch: »Frauen sind doch zu emotional fürs Business.« Etwas ertappt fühle ich mich dabei schon! Mein damaliger Vorgesetzter in meinem ersten Job in der Finanzbranche sagte an meinem letzten Arbeitstag zu mir: »Frau Leinweber, der schlimmste Moment für mich war der, als Sie in meinem Büro geweint haben.« Für mich war es in diesem Moment absolut absurd gewesen, meine Abschiedstränen wegzudrücken. Darf Frau denn eigentlich emotional sein? Oder überfordern wir unsere lieben männlichen Kollegen restlos damit?

Schauen wir der Tatsache ins Auge: Das Vorurteil, dass wir Frauen emotionaler seien als Männer und daher möglicherweise unangemessen reagieren oder unsere Entscheidungen von Emotionen beeinflussen lassen, ist in einem männerreichen Arbeitsumfeld so trivial wie gut geschäumte Milch in einem Latte Macchiato. Doch warum sind Emotionalität und Intuition durchaus hilfreich? Sie spielen eine zentrale Rolle bei der Entscheidungsfindung. Intuitiv getroffene Entscheidungen können im Ergebnis qualitativ genauso gut wie rationale Entscheidungen sein.

Sobald Frauen bei mir im Coaching oder Training sitzen, bitte ich sie aus diesem Grund, für den Moment eine emotionale Entscheidung aus dem Bauch heraus zu treffen und den Verstand einmal kurz in die zweite Reihe zu setzen. Und das tue ich nicht, weil diese Frauen nicht auch intellektuell mit ihrem Verstand die richtige Entscheidung treffen könnten. Vielmehr vergessen Frauen, die oft mit diesem Vorurteil, sie seien zu emotional, konfrontiert wurden, dass kluge Entscheidungen nicht ausschließlich durch unsere Ratio getroffen werden. Zwischen Kopf und Herz sind es zwar nur 30 Zentimeter, doch das ist einer der wichtigsten Wege, die wir gehen können, damit Lösungen wirklich funktionieren. Und das beweisen auch Studien: Diese zeigen deutlich, dass Manager:innen, die sich bei ihren Entscheidungen auf eine Kombination aus Instinkt und Heuristik verlassen, genauso gute Entscheidungen treffen wie Manager:innen, die ihre Entscheidungen ausschließlich rational mithilfe von Zahlen, Daten, Fakten treffen.[5] Verstand und Gefühl schließen sich also nicht zwingend aus, wie es fälschlicherweise oft angenommen wird. Es ist sehr wohl möglich, eine sehr gut durchdachte, rationale Position mit großer emotionaler Leidenschaft zu vertreten oder eine Bauchentscheidung mit Zahlen, Daten und Fakten zu belegen.

> *»Manchmal ist es gut, auf das Bauchgefühl zu hören.*
> *Ich merke bei mir selbst, dass ich in solchen Momenten*
> *weniger rational denke und mehr auf mein Herz*
> *als auf den Verstand höre«*
> STEFANIE

Fakt ist: Emotionen sind ein natürlicher Bestandteil des menschlichen Wesens, ganz unabhängig vom Geschlecht. Männer können genauso emotional sein wie wir. Sie mögen vielleicht nicht ihre Tränen im Office vergießen, aber sie können genauso gut bei einem Meeting vor Wut rot anlaufen oder vor Freude einen Jubeltanz aufführen, wenn der Kurs der Mitarbeiteraktien durch die Decke geht. Wer hat gesagt, dass Emotionen nur mit Taschentüchern verbunden sind? Frauen sind nicht automatisch emotionaler als Männer und es gibt keinen wissenschaftlichen Beleg dafür, dass Frauen weniger rational oder kompetent in Entscheidungsprozessen sind.

Dürfen wir denn aber unsere Gefühle ungefiltert im Business ausleben? Natürlich! Warum nicht? Du musst dich nicht in emotionaler Zurückhaltung üben. Lass gern die Sau raus, wenn du und dein männliches Gegenüber mit den emotionalen Konsequenzen leben können. Meine Erfahrung zeigt jedoch, dass Menschen, die keinen emotionalen Zugang zu ihrem Gefühlsleben haben, mit Gefühlsausbrüchen überfordert sind. Stell dir die Frage also gern anders: Was bringt es mir, meine Emotionen in einer Situation offen zu zeigen? Und hilft es meinem Gegenüber? Empathie kann z. B. absolut hilfreich sein, um mit zwei männlichen Kollegen zu kommunizieren, die vielleicht auch noch miteinander verstritten sind. Die Tränen im

Business-Meeting bringen männliche Kollegen leider in einen absoluten Stresszustand. Wenn Frauen weinen, scheint in den Köpfen mancher Männer sofort die Warnlampe anzugehen: Alarmstufe Rot! Ausnahmezustand! Das heißt nicht, dass du deine Emotionen dann wegdrücken sollst. Such dir in diesen Momenten, in denen sie dein Gegenüber überfordern könnten, gern einen geschützten Raum. Lass sie durchlaufen, um danach befreit weiterzumachen.

Logarithmus-Code geknackt: Wenn komplexe Technikrätsel weiblich werden

Ein weiterer Klassiker der Vorurteile, der besonders in den MINT-Bereichen vorkommt und den Frauen oft hören, lautet: Frauen sind weniger kompetent in technischen Bereichen. Trotz des Fortschritts in vielen Bereichen halten sich hartnäckige Vorurteile darüber, dass Frauen kein Interesse an IT, Ingenieurswissenschaften, Mathematik, Maschinenbau, Automobil und Technik haben. Dieser Meinung sind tatsächlich immer noch rund ca. 40 % der Deutschen.[6]

Woher stammt dieses Vorurteil? Männer und Frauen haben aus neurowissenschaftlicher Sicht das gleiche durchschnittliche Intelligenzniveau. Die Beschaffenheit des weiblichen Gehirns wurde jedoch oft dahingehend fehlinterpretiert, dass es in bestimmten Bereichen, wie z. B. Mathematik und Naturwissenschaften, weniger leistungsfähig ist (siehe S. 46 ff.). Heutzutage wissen wir jedoch, dass der vermeintliche Unterschied in den mathematischen und naturwissenschaftlichen Fähigkeiten von Mädchen und Jungen spätestens im Teenageralter nicht mehr zu erkennen ist. Frauen sind genauso in der Lage wie Männer, komplexe mathematische Probleme zu lösen und wissenschaftliche Erkenntnisse zu generieren.[7]

Auch hier ist große Vorsicht vor dem berühmt berüchtigten Gender-Bias angesagt. Denn bestimmte Erwartungen, die an uns Frauen gestellt werden, wirken sich auf die Einschätzung unserer eigenen Fähigkeiten aus! Eine interessante Erkenntnis aus einer Studie der »Tel Aviv University« besagt, dass Frauen, die zuvor daran erinnert wurden, dass ihr Geschlecht als mütterlicher und warmherziger gelte, schlechtere Ergebnisse bei Mathe-Tests erzielten. Diese Ergebnisse geben einen interessanten Einblick, wie Erwartungen und Vorurteile (»Kind statt Karriere«) tatsächlich auch die Leistung und Fähigkeit von Frauen bei mathematischen Aufgaben beeinflussen.[6]

Doch füttern wir Frauen das Vorurteil auch selbst? Sprechen wir uns selbst Kompetenz ab, obwohl wir sie haben? Interessanterweise gibt es tatsächlich eine Geschlechterdifferenz in der Einschätzung der eigenen Kompetenzen. Frauen neigen dazu, ihre Fähigkeiten häufiger zu unterschätzen und ihre mathematischen Kompetenzen selbst bei gleichem Leistungsniveau systematisch schlechter einzuschätzen als Männer.[9] Muss das sein, Ladys?

Wir können mit Zahlen jonglieren und Algorithmen rocken, genauso wie unsere männlichen Kollegen. Wenn es um Kompetenz geht, sind wir auf Augenhöhe. Lasst uns unsere mathematischen Fähigkeiten nicht länger unterschätzen und unseren Intellekt in voller Pracht zeigen! Zeige den männlichen Kollegen, dass du nicht nur ein technisches Ass bist, sondern auch eine brillante Mathematikerin und Ingenieurin! Brilliere mit deinem technischen, mathematischen, fachlichen Wissen und deinen analytischen Fähigkeiten, denn Kompetenz kennt kein Geschlecht!

> *»Mir sind viele Vorurteile begegnet: Frauen verstünden nichts von Technik oder wären weniger kompetent, auch weniger belastbar, weniger durchsetzungsfähig, zu emotional im Business. Und das ist natürlich Quatsch. Wir Frauen sind exakt gleich kompetent, erfahren und wissend wie Männer.«*
>
> SABRINA

Missverständnis des sanften Rambo: Wenn Frauen kein Verhandlungsgeschick haben

Kommen wir zum absurdesten Vorurteil, welches für mich, als sehr durchsetzungsstarke und entscheidungsfreudige Frau, auf meiner persönlichen Hitliste auf Platz Nummer 3 steht: Frauen sind nicht durchsetzungsfähig und nicht verhandlungsstark. Frauen und Verhandlungen – ein subtiler Tanz zwischen Diplomatie und Durchsetzungskraft. Auf der einen Seite wird uns nachgesagt, dass wir nicht durchsetzungsfähig genug sind, auf der anderen Seite sollen wir uns nicht zu aggressiv verhalten. Doch heißt Durchsetzen und Verhandeln immer, mit der Faust auf den Tisch zu hauen, die Verbal-Keule zu schwingen und bis zum bitteren Ende durchzuziehen? Diese Rambo-Taktik ist vielen Frauen einfach zuwider. Denn bei uns Frauen spielt oft ein Antreiber mit: Wir wollen gemocht werden. Und für viele meiner Coachees klingt »sich durchsetzen« nach Brutalität, Gewalt, Manipulation und einem »Ich gewinne, du verlierst!«. Und das ist gar nicht nett, nicht freundlich und überhaupt nicht weiblich. Frauen verhandeln auf eine »schönere« Art und Weise. Doch reicht dies aus, um im Geschäftsleben erfolgreich zu sein? Schauen wir genau hin, Ladys!

Frauen verhandeln anders als Männer. Wir Frauen haben die Nase vorn, wenn es darum geht, eine angenehme Gesprächsatmosphäre zu schaffen und Geschäftsbeziehungen für die Zukunft zu stärken. Wir bereiten uns gründlicher auf Verhandlungen vor, indem wir mehr Argumente sammeln und genau überlegen, welche Gegenargumente unsere Verhandlungspartner bringen könnten. Männer achten weniger auf inhaltliche Aspekte und nutzen Verhandlungen auch gerne, um Machtkämpfe zu führen. Männer zeigen eine höhere Poker-Mentalität und einen kompetitiven Verhandlungsstil während wir Frauen weniger auf Gewinn fokussiert sind und oft einen kooperativen Verhandlungsstil wählen.[10] In Situationen ohne Wettbewerbscharakter erzielen Frauen und Männer im Allgemeinen ähnliche Ergebnisse. Wenn jedoch die Situation verschärft wird, sodass ein Wettbewerb entsteht, steigern sich die Verhandlungsergebnisse von

Männern deutlich, während die von Frauen unverändert bleiben. Bei uns Frauen liegt die Hauptpriorität nicht unbedingt auf dem (finanziellen) Ergebnis, sondern dem diplomatischeren Umgang mit unseren Verhandlungspartnern.

Doch heißt das nun, dass Frauen automatisch Gehaltsverhandlungen scheuen und sogar schlechter abschneiden? Nicht unbedingt. In einer Studie wurde untersucht, ob Frauen aus Sorge vor Unstimmigkeiten oder Konflikten darauf verzichten, Gehaltssteigerungen einzufordern. Frauen sind genauso bereit und mutig, um Gehalt zu verhandeln wie Männer. Aber nur 16 % der Frauen (über 40 Jahren) konnten sich mit ihrem Wunsch durchsetzen. Bei Männern lag die Erfolgsquote um ein Viertel höher. Weibliche Angestellte (unter 40 Jahren) hingegen konnten die gleichen Gehaltssteigerungen durchsetzen wie ihre gleichaltrigen männlichen Kollegen.[11] Verhandeln »jüngere« Frauen besser? Oder geht es um ganz andere Faktoren wie z. B. die persönliche Stärke der jeweiligen Verhandlungspartnerin?

Ich kenne viele durchsetzungsstarke Frauen, ganz gleich welchen Alters, die sehr geschickt in Verhandlungen sind und über eine starke innere Einstellung verfügen. Sie eiern nicht rum. Sie entscheiden. Eine gewisse Starrköpfigkeit so nach dem Motto »Ein Nein akzeptiere ich nicht als Antwort!« ist auch charakteristisch. Dabei nutzen Frauen subtilere Strategien, um sich durchzusetzen und zu bekommen, was sie wollen. Manchmal schaffen wir gemäß der Taktik des »Fait accompli« vollendete Tatsachen, ohne sie vorher abzustimmen. Eine hinterhältige Taktik? Hand aufs Herz, liebe Damen: Im Haushalt und im Privatleben schaffen wir täglich Dutzende vollendeter Tatsachen. Warum nicht auch im Business? Weil wir von unseren männlichen Kollegen dann nicht mehr gemocht werden? Im Gegenteil! Männer akzeptieren durchsetzungsstarke Frauen als gleichwertige Partner. Und manchmal ist es klüger, um Verzeihung zu bitten, statt um Erlaubnis zu fragen. Doch auch ein höfliches und souveränes Lächeln kann so manchen Verhandlungspartner dazu bringen, die Nerven zu verlieren und sich um Kopf und Kragen zu reden.

»Von Männern wird oft behauptet, Frauen seien physisch und psychisch weniger belastbar. Wenn Männer erfahren, dass eine neue Frau im Team anfängt, wird die Person genauer unter die Lupe genommen. Wenn die Frau als attraktiv angesehen wird, kommen oft Kommentare unter der Gürtellinie. Auf der anderen Seite werden Frauen, die als weniger attraktiv angesehen werden, oft überhaupt nicht respektiert.«

JENNY

Bossy ist nicht ladylike: Wie weibliche Führungskompetenz unterschätzt wird

Auf dem traurigen Platz Nummer 4 der Stereotypen-Charts steht das Vorurteil: Frauen sind weniger führungsstark. Wir Frauen sollen weniger bossy sein? Es gibt zahlreiche Beispiele von hochkarätigen weiblichen Führungspersonen, die das Vorurteil widerlegen. Frauen wie Angela Merkel, Christine Lagarde, Susanne Klatten und viele mehr zeigen, dass das weibliche Geschlecht äußerst führungsstark ist. Frauen als schlechtere Chefs darzustellen ist genauso absurd wie zu behaupten, dass Männer besser darin sind, die Aufbauanleitung eines IKEA-Möbelstücks zu verstehen! Das Vorurteil beruht auf einer Reihe falscher Annahmen. Eine davon ist, dass Führung mit bestimmten maskulinen Eigenschaften wie Durchsetzungsvermögen, Aggressivität und autoritärem Verhalten einhergeht. Dieses Stereotyp geht davon aus, dass Frauen diese Eigenschaften weniger besitzen oder weniger gut anwenden können und daher als weniger führungsstark angesehen und eher mit passiven oder unterstützenden Positionen in Verbindung gebracht werden. Ein weiteres Argument, das zur Untermauerung dieses Vorurteils angeführt wird, ist die geringere Präsenz von Frauen in Führungspositionen, die jedoch eine Vielzahl anderer Gründe hat. Im März 2023 betrug der Frauenanteil in Führungspositionen deutschlandweit rund 24 %.[12] Demnach tragen satte 76 % der Führungskräfte Krawatten statt High Heels und hören auf die Namen Andreas, Michael oder Christian anstatt auf

Katja, Antje oder Nicole.[13] Kein Wunder Ladys, dass wir manchmal denken, wir sind im falschen Film! Da haben wir Frauen wohl noch einiges an Arbeit vor uns, um aus dem Begriff »Female Leadership« mehr als ein Buzzword zu machen.

> *»Ich bin eine weibliche Führungskraft. Meine Aufgaben sind es, mein Team zu führen und den Laden voranzubringen. Für Ego-Themen ist da kein Platz!«*
> ELENA

Es ist jedoch falsch, die allgemeine Führungsstärke von Frauen allein an der Anzahl der von ihnen besetzten Führungspositionen zu messen. Auch Talent nur nach Geschlecht einzuteilen ist zu kurz gedacht, denn es lässt die Frau mit ihren individuellen Qualitäten und Stärken außen vor. Die tatsächliche Führungsstärke hängt von einer Vielzahl von Faktoren ab, darunter persönliche Qualitäten, Erfahrungen und die Fähigkeit, Menschen zu motivieren und zu inspirieren. Dennoch gibt es bestimmte Qualitäten, die laut einer Studie der »Norwegian Business School« vermehrt bei Frauen vorkommen. In vier der fünf untersuchten Kategorien übertrafen wir Frauen die Männer:

- Fähigkeit, die Initiative zu ergreifen, klar und kommunikativ zu sein
- Innovationsfähigkeit, Neugierde und eine ehrgeizige Vision
- Fähigkeit, Mitarbeiter zu unterstützen, ihnen entgegenzukommen und sie einzubeziehen
- Fähigkeit, sich Ziele zu setzen, gründlich zu sein und diese zu verfolgen

Doch Ladys, ich muss an dieser Stelle fair bleiben. Die Studie hat auch herausgefunden, dass Männer in einem Kriterium überlegen sind: Sie können besser mit arbeitsbedingtem Druck und Stress umgehen als wir Frauen.[14]

Frauen führen also souverän, authentisch und im Einklang mit ihren weiblichen Qualitäten, Fähigkeiten, Stärken und Ressourcen. Female Leadership betont Themen wie Empathie, Kooperation, Wertschätzung, die Fähigkeit, ein offenes Ohr für die Wünsche und Konflikte der Mitarbeiter:innen zu haben, Vertrauen untereinander zu fördern, ein harmonischeres Arbeitsumfeld zu schaffen, Umsicht, Fürsorglichkeit und vieles mehr. Und darin sind Frauen unbeschreiblich gut! Also liebe Damen, bevor wir uns über das Vorurteil ärgern, dass Frauen angeblich weniger führungsstark sind, dürfen wir unsere Energie lieber darauf verwenden, unseren ganz eigenen Führungsstil zu etablieren und auf unsere eigene, erfolgreiche Weise zu führen. Denn wer will schon in die Fußstapfen von stereotypischen Klischees treten?

Zwischen Kita und Konferenz: Spagat zwischen Mutterschaft und beruflichem Erfolg

Und das wohl absolute Schlusslicht unter den gruseligsten Vorurteilen ist: Wenn Frauen Kinder bekommen, sind sie weg vom Fenster. Oft habe ich von Frauen in meinem Coaching gehört, dass sie mit Sätzen konfrontiert wurden wie:»Na, die kommt bestimmt nur in Teilzeit zurück« oder»Das nächste Kind lässt doch sicher nicht lang auf sich warten, liebe Frau …!«. Mutterschaft soll das Engagement einer Frau im Business behindern? Kind und Karriere zusammen – undenkbar?! Das klingt sehr nach einem Deutschland in den 1950ern! Mir ist das nach wie vor völlig fremd. Ich stamme aus der ehemaligen DDR, in der es selbstverständlich war, dass Frauen auch mit Kind(ern) in Vollzeit arbeiteten. Meine Mutter arbeitete immer voll und kümmerte sich liebevoll um ihre Töchter. Frauen empfanden keinen Rechtfertigungsdruck, wenn sie als Mutter in einem Beruf arbeiteten und für Selbständigkeit sorgten. Für viele Frauen gehörte die Berufstätigkeit zum absoluten Selbstverständnis.

> *»Für mich ist es normal, dass Mütter Vollzeit arbeiten. Meine Mutter und meine amerikanische Gastmutter haben Vollzeit gearbeitet und erfolgreich Kinder großgezogen. Wenn wir Frauen und Mütter alte Rollenmodelle akzeptieren und nicht aktiv für Diversität in der Arbeitswelt eintreten, wird sich nichts ändern.«*
>
> ELENA

Es gibt viele spannende Studien über erfolgreiche berufstätige Mütter, die Karriere machen, und welche positiven Effekte dies auf ihr Umfeld hat. Eine interessante Harvard-Studie[15] zeigt, dass es kontraproduktiv ist, Müttern die Möglichkeit für eine erfolgreiche Karriere zu verwehren – nicht nur für die Zukunft ihrer Kinder, sondern auch für die Gesellschaft als Ganzes. Die Studie untersuchte den Zusammenhang zwischen der beruflichen Tätigkeit von Müttern und der beruflichen Aktivität ihrer erwachsenen Töchter und Söhne sowie dem Grad ihrer Beteiligung an häuslichen Aufgaben in 29 Industrieländern. Demnach waren beispielsweise Frauen, die Töchter einer berufstätigen Mutter waren, am Arbeitsplatz deutlich erfolgreicher. Zudem verdienten Frauen, deren Mütter berufstätig waren, mehr als Töchter, die aus eher traditionellen Haushalten stammten. Erwachsene Töchter von berufsstätigen Müttern waren mit größerer Wahrscheinlichkeit auch erwerbstätig und hatten mit größerer Wahrscheinlichkeit Führungsverantwortung inne. Und Männer, die von einer berufstätigen Mutter erzogen wurden, leisteten zu Hause einen größeren Beitrag. Im häuslichen Bereich verbrachten Söhne dieser Mütter mehr Zeit mit der Pflege von Familienmitgliedern, wohingegen Töchter weniger Zeit in die Hausarbeit investierten.[16]

Kind oder Karriere? Oder doch Kind und Karriere? Dass es für Unternehmen und die Politik noch viel zu tun gibt, zeigt die nachfolgende Untersuchung[17]: 44 % der befragten Frauen schrecken davor zurück, mit Kind Karriere zu machen, weil die Wiedereinstiegsoptionen vom Unternehmen nicht optimal gestaltet wurden, Vereinbarkeit von Beruf und Privatleben unter diesen Umständen für die

Frauen undenkbar ist und mit einer potenziellen Überbelastung zu rechnen ist. Über 60 % der befragten Frauen fällt die Vereinbarkeit von Kind und Karriere schwer, unabhängig davon, ob ihr Partner bei der Kinderversorgung hilft und wie Care-Arbeit zuhause aufgeteilt ist. Jede zweite Frau bestätigt, dass der Einstieg nach der Elternzeit als erschwert wahrgenommen wird. Fast die Hälfte aller Frauen hat aufgrund ihrer Mutterschaft schon einmal Diskriminierung im Unternehmen erfahren. Jede vierte Frau ohne Kinder denkt, dass sie in ihrem Unternehmen nicht problemlos Kinder bekommen könnte. Und ca. 45 % der Frauen glauben, dass die Entscheidung für ein Kind ihre Karriere negativ beeinflusst bzw. beeinflusst hat.

Mütter sind für mich die außergewöhnlichsten Menschen auf diesem Planeten. Und es gibt eindeutige Vorteile, ausgerechnet Mütter im Unternehmen zu haben: Sie sind stresserprobte Organisationstalente, Diplomatinnen und Problemlöserinnen. Ihre Erfahrung im Umgang mit den Bedürfnissen ihrer Kinder hat ihnen Fähigkeiten verliehen, die sich auch im Arbeitsumfeld als vorteilhaft erweisen. Mütter sind oft Meisterinnen eines effizienten Zeitmanagements. Sie sind Planungs-Genies, haben gelernt, Prioritäten zu setzen und ihre Aufgaben termingerecht zu erledigen. Mütter sind so belastbar, dass sie den Mount Everest besteigen und nebenbei noch einen Kindergeburtstag organisieren könnten. Zudem besitzen sie eine natürliche Empathie und zwischenmenschliche Fähigkeiten, die ihnen helfen, gute Beziehungen zu Kollegen und Kunden aufzubauen. Kein Wunder, dass sie absolute »Premium-Mitarbeiterinnen« sind!

> *»Männer haben oft Schwierigkeiten mit starken Frauen, weil sie immer noch in alten Denkmustern festhängen, in denen Frauen für Haushalt und Kinder zuständig sind. Es hängt auch davon ab, wie die Männer erzogen wurden und welche Vorstellungen sie von ihren Müttern vermittelt bekamen.«*
>
> JENNY

Keiner kann aus seiner Haut und sich von Vorurteilen vollständig freisprechen, weder Männer noch wir Frauen. Sie sind wie hartnäckige Kaugummiflecken auf dem Gehweg – sie kleben fest und sind schwer zu entfernen. Oft finden wir uns in diesem Dschungel unfairer Behauptungen ohne Machete nicht zurecht und sehen den Wald vor lauter Bäumen nicht. Doch wenn wir nicht genau wissen, wo wir anfangen sollen, fangen wir am besten immer bei uns selbst an: mit unserem Mindset und damit, welche Hauptrolle wir in unserem Leben spielen und welche Geschichten wir uns zukünftig erzählen wollen. »Typisch Frau« war gestern. Lasst uns die Vorurteile pulverisieren und dabei noch fabelhaft aussehen! Verhandlungen werden gewonnen, Gefühle gewinnbringend ausgelebt, die Chefetagen weiblich erobert, technische und mathematische Logarithmen geknackt und mütterliche Fürsorge mit beruflichem Erfolg vereint. Wir beweisen, dass Frauen auch in männerreichen Business-Zweigen keine Schubladen brauchen, um erfolgreich zu sein. Worauf warten wir noch? Auf geht's, Mädels!

Wer Frauen versteht, kann auch durch Null teilen:
Die geheimen Wünsche von Business-Frauen

»Ein Wunsch erfüllt sich erst, wenn du den Mut hast, ihn in die Welt zu rufen.«

Mal wieder ein Meeting ganz unter Männern – na ja, nicht ganz. Ich saß ja auch am Tisch. Es begann wie immer klassisch und mittlerweile konnte ich die Uhr danach stellen, welche Drehbuchabfolgen diese männliche Meeting-Episode des Kräftemessens haben wird: Es fing damit an, dass einer der Kollegen eine These in den Raum warf. So etwas wie: »Gestern habe ich eine neue Rekordzeit beim Laufen aufgestellt.« Sofort sprangen die anderen männlichen Kollegen darauf an, jeder mit dem Bedürfnis, mit eigenen sportlichen Leistung die anderen zu übertrumpfen. »Das ist ja nichts!«, rief der eine. »Ich bin letzte Woche beim Halbmarathon mitgelaufen und war als einer der ersten fünf Läufer im Ziel.« Ein anderer, der nicht sportlich ist, sagte: »Ach Jungs. Legt euch wieder hin! Ich habe gestern Abend bis spät in die Nacht programmiert und damit das gesamte Release unseres Software-Systems gesichert!«

Die Atmosphäre im Raum wurde immer angespannter und die Testosteronspiegel schienen zu steigen. Insgeheim wünschte ich mir, dass wir endlich zum Thema kämen, denn wertvolle Zeit verstrich mit für mich unproduktiver Tätigkeit, in der sich die Alpha-Männchen gegenseitig auf die haarige Brust klopften. Ich wollte nicht in diesen Reigen »Wer übertrumpft hier wen?« einsteigen. Warum auch? Wir wollten in dem Meeting gemeinsam eine Lösung für die aktuelle Produkt-Misere finden. Wie sehr hätte ich mich gewünscht, dass die »Wer-ist-der-Beste«-Mentalität weicht und einer »Was-können-wir-gemeinsam-erreichen«-Mentalität Platz macht. Doch es fiel mir schwer, mich gegen die dominante Energie im Raum durchzusetzen. Leider blieb es in diesem Meeting dabei, dass meine Wünsche nur im Geheimen in mir aufkamen, ohne dass ich sie in großer Männerrunde kundtat. Schade eigentlich!

Wenn Frauen ihre geheimen Wünsche gegenüber ihren männlichen Kollegen und Vorgesetzten äußern könnten, würde einigen Männern die Kinnlade runterfallen. Was leider oft im Verborgenen bleibt, sollte wirklich einmal adressiert werden. Nur so kann sich eine Meeting- oder Arbeitssituation verändern, liebe Damen. Doch auch ich weiß, wie schwer es sein kann, in einer männerdominierten Situation offen zu sagen, was man sich wünscht. Oftmals haben wir Sorge, wir könnten belächelt, überrollt, missverstanden oder abgelehnt werden. Deshalb soll dir dieses Kapitel Mut machen, einmal darüber nachzudenken, was du dir von deinen männlichen Kollegen und Vorgesetzten wünschst, und das auch offen kundzutun. Hier kommen ein paar dieser Wünsche, die mir meine wunderbaren Interviewpartnerinnen verraten haben und die du gern um deine (nun bald nicht mehr) geheimen Vorstellungen ergänzen darfst.

Vorsicht Balztanz: Warum Meetings ohne Hahnenkämpfe schöner wären

Liebe Männer, wir Frauen wissen, dass ihr großartige Fähigkeiten habt und wir schätzen eure Stärken. Doch ab und an wünschen wir uns, dass das Gegockel und sinnlose Kräftemessen unter männlichen Kollegen aufhört, besonders in Gegenwart von uns Frauen. Oftmals kommt es vor, dass Männer in einem Business-Kontext versuchen, ihre Dominanz oder Stärke zu demonstrieren, sei es durch lautes Auftreten, übermäßiges Selbstbewusstsein oder das ständige Hervorheben von persönlichen Erfolgen oder Errungenschaften. Diese Art von Verhalten führt oft dazu, dass wir Frauen uns unwohl oder unsicher fühlen und nur selten den Wunsch verspüren, im »Wer-ist-der-Stärkste«-Wettstreit einzusteigen. Schlichtweg ist es vielen Frauen zu affig. Dennoch trauen wir uns manchmal nicht, dieses Gerangel zu beenden. Und wenn wir Frauen dazwischengehen, wird dies gern »überhört«. Unser Beitrag ist in dieser Situation weder gewünscht noch hilfreich. Und damit haben wir das Gefühl, dass unsere Meinungen in diesem Moment nicht wertgeschätzt werden.

Wir Frauen haben keine Lust auf Hahnenkämpfe, sondern wünschen uns eine offene und respektvolle Kommunikation. Indem Männer sich bewusst sind, wie ihr Verhalten wirken kann, und zumindest in Gesellschaft von Frauen darauf verzichten, sinnloses Kräftemessen oder Dominanzverhalten zu zeigen, schaffen sie eine Atmosphäre des Respekts und des produktiven Miteinanders. Und das, meine Herren, wird nicht nur das Arbeitsumfeld für Frauen verbessern, sondern das gesamte Unternehmen positiv beeinflussen. Also, liebe Damen, wenn ihr männliche Kollegen habt, die ein solches Verhalten an den Tag legen, sprecht sie gerne nach dem Meeting darauf an, ladet zum nächsten Meeting gern mehr Kolleginnen ein oder lasst euren Humor sprechen und weist in der Situation gerne darauf hin, dass euch die Herren schon etwas mehr anbieten müssen, damit ihr den Titel »schönster Hahn« vergeben könnt.

»Oft habe ich das Gefühl, wenn ich in den Raum komme, in dem meine männlichen Kollegen sind, verändert sich die Dynamik. Es wirkt plötzlich hierarchischer und ich fühle mich, als ob mich die Männer anders behandeln. Ich wünsche mir, dass Männer uns genauso akzeptieren wie ihre männlichen Kollegen und uns nicht anders behandeln.«

STEFANIE

Business-Blackout: Oops, wir haben die Ladys vergessen

Einen klaren Wunsch haben Frauen immer wieder an ihre männlichen Kollegen und Vorgesetzten: Bitte vergesst nicht, uns zu den entscheidenden Besprechungen einzuladen und erkennt die Kompetenz an, die wir mitbringen! Leider ist die Ausgeschlossenheit von wichtigen Meetings ein häufiges Problem, dem Frauen im Geschäftsumfeld begegnen. Manchmal geschieht dies unbewusst, wenn männliche Kollegen vergessen, ihre weiblichen Pendants einzuladen. Doch es gibt auch Situationen, in denen die Ausgrenzung durchaus beabsichtigt ist.

Persönlich kann ich mich an den einen oder anderen Vorfall erinnern, bei dem ich zu bedeutsamen Meetings nicht eingeladen wurde. Die Begründung war meistens dieselbe: »Oh, da habe ich dich wohl im E-Mail-Verteiler vergessen. Aber du kannst natürlich gerne spontan dazukommen!« Ein solcher Vorfall mag auf den ersten Blick wie eine Kleinigkeit erscheinen, doch die Auswirkungen können weitreichend sein. Die Ausgrenzung von Frauen hat fatale Folgen – nicht nur für das Geschäftsklima, sondern besonders auch für die betroffenen Frauen selbst. Das Gefühl der Ausgeschlossenheit vermittelt Frauen, dass ihre Meinung nicht geschätzt wird und sie nicht als gleichwertige Partnerinnen im Geschäftsbetrieb angesehen werden (siehe S. 88 ff.). Es ist unser Wunsch, dass unsere Expertise wertgeschätzt wird und wir uns genauso selbstbewusst einbringen können wie unsere männlichen Kollegen. Dies ist nicht nur eine Frage der Fairness, sondern auch ein entscheidender Faktor für den wirtschaftlichen Erfolg eines Unternehmens.

Wenn alle Teammitglieder aktiv in Meetings einbezogen und ihre Ideen und Perspektiven geschätzt werden, entstehen zweifellos innovativere Lösungsansätze. Frauen haben oft eine andere Sichtweise und Herangehensweise, die wertvolle Impulse liefern kann. Wir wünschen uns eine Unternehmenskultur, die alle Talente gleichermaßen fördert und zu einem offenen Austausch ermutigt. Wenn wir die Kompetenz und Kreativität aller Beteiligten in den Vordergrund stellen, können wir gemeinsam Großes erreichen. Und als kleiner Reminder an die Herren: Unsere E-Mail-Adresse steht definitiv im Intranet!

> »Es passiert oft, dass Dinge hinter verschlossenen Türen weitergegeben werden, und als Frau bekommt man davon gar nichts mit. Das ist in bestimmten Branchen und Situationen üblich, in denen Frauen aus irgendeinem Grund einfach nicht einbezogen werden. Wie schade, dass Männer diesen exklusiven ›Best Buddy Club‹ nur für sich beanspruchen.«
>
> LAURA

No more Fieslinge: Fairer Wettbewerb statt fieser Kniffe

Auch wenn uns Frauen nachgesagt wird, wir würden den Wettbewerb scheuen, kann ich persönlich nur sagen: Ich liebe die Challenge! Warum sollten wir uns nicht in einem gesunden Wettbewerb die Möglichkeit geben, uns fair miteinander zu messen? Faire Konkurrenz motiviert mich, mein Bestes zu geben und mich stetig zu verbessern. Ich sehe Wettbewerb als eine Gelegenheit, sowohl persönlich als auch beruflich zu wachsen. Doch ich kann nicht leugnen, dass einige meiner Kolleginnen bereits die Erfahrung gemacht haben, dass Fairness im Wettbewerb ein sehr dehnbarer Begriff sein kann und fiese Tricks und Hinterlistigkeiten auf der Tagesordnung stehen. Es ist frustrierend und demotivierend, wenn wir mit fiesen Tricks konfrontiert werden, die darauf abzielen, uns Steine in den Weg zu legen. Solche unsportlichen Praktiken untergraben nicht nur das Vertrauen, sondern beeinträchtigen auch die Produktivität und den Zusammenhalt im Team. Es gibt Momente, in denen ich mich frage, warum einige Männer denken, dass Fairplay im Business nur ein »Nice-to-have« ist und fiese Kniffe die Spielregeln dominieren sollten.

Die Auswirkungen dieser unfairen Taktiken können weitreichend sein und lassen uns Frauen manchmal wettbewerbsscheuer wirken, als wir tatsächlich sind. Doch ich bin der festen Überzeugung, dass wir uns nicht entmutigen lassen sollten. Stattdessen gibt es einen weiteren entscheidenden Aspekt, den wir uns im Business wünschen: eine faire Konkurrenz und kollegiale Zusammenarbeit ohne fiese Tricks! Es ist nicht zu viel verlangt, dass alle im Business an einem Strang ziehen, ohne sich gegenseitig auszustechen. Eine Unternehmenskultur, die auf fairer Konkurrenz und kollegialer Zusammenarbeit basiert, schafft ein positives Umfeld, in dem Frauen und Männer ihre Talente und Kompetenzen entfalten können, ohne sich gegenseitig ständig über die Schulter schauen zu müssen.

»Ich wünsche mir, dass wir wieder verstehen, was es bedeutet, Mensch zu sein. Wir sollten Schwächen akzeptieren, aber auch unsere einzigartigen Stärken erkennen und nutzen.«

SABRINA

Vom Deal-Making zum Date-Making: Jenseits von plumpen Sprüchen und Anmachen

»Was machen Sie privat nach Dienstschluss?« Diese Frage ist ein absoluter Klassiker. Ich habe sie etliche Male gehört. Und natürlich geht es hier nicht um Einladungen zum gemeinsamen Feierabend-Getränk im Kreise aller Teamkollegen, bei denen ich jedes Mal sehr gern dabei war. Es scheint, dass Business und Privat auch in Lust- und Liebesdingen nicht immer zu trennen ist: Immerhin glauben 78 % der Befragten einer Studie, dass man die wahre Liebe durchaus am Arbeitsplatz treffen kann. 89 % fühlten sich schon einmal zu einem Kollegen oder einer Kollegin hingezogen. Und beachtliche 85 % der Befragten begannen außereheliche Affären im Büro.[18]

Ob es angemessen ist, sich am Arbeitsplatz zu verabreden darf jede(r) selbst entscheiden. Absolut grenzwertig ist es, wenn Frauen unangemessene Einladungen zu privaten Treffen, sexualisierte Bilder, Texte oder Filme aufgedrängt oder anzügliche Mails und Textnachrichten geschickt werden. Wir Frauen im Business wollen nicht nur fair miteinander arbeiten, sondern auch ohne schräge Sprüche und Anmachen durchstarten. Es ist bedauerlich, dass wir immer noch mit solchen Herausforderungen konfrontiert sind. Für manche von uns kann schon das vermeintliche und vielleicht auch gut gemeinte Kompliment »Ihre Beine sind besonders schön in dem Kleid« ausreichen, um sich belästigt und unwohl zu fühlen. Härtere und abwertende frauenfeindliche Aussagen wie »Die hat doch ihren Titten-Bonus ausgenutzt, um weiterzukommen« sind leider auch keine Seltenheit.

»Die Art und Weise, wie Komplimente gemacht werden, spielt eine große Rolle. Ein einfaches ›Du siehst toll aus in dem Kleid‹ ist ein nettes Kompliment. Aber wenn es eine unterschwellige Botschaft enthält, kann es problematisch werden. Frauen sind oft gut geübt darin, zwischen den Zeilen zu lesen, was manchmal aber auch zu Missverständnissen führen kann.«

ELENA

Schlüpfrige Kommentare, süffisante Witze oder unterirdische Sprüche, welche die eine oder andere von uns Frauen weglächelt, beschäftigt die sensiblen Frauen unter uns oft länger und mit Nachdruck. Wir wollen nicht als Objekte bewertet oder in unangemessene Gespräche verwickelt werden. Natürlich ist gegen ein Feierabend-Bier im Team nichts einzuwenden. Und wer bereit ist, die große Liebe am Arbeitsplatz zu finden, darf sich gern im Bewusstsein aller Konsequenzen ins Getümmel stürzen. Doch eines ist absolut klar: Wir Frauen möchten respektvoll als Kolleginnen wertgeschätzt werden. Wir wünschen uns ein Miteinander auf Augenhöhe – eine Kultur, in der Männer und Frauen gleichermaßen respektiert und anerkannt werden. Eine respektvolle Kommunikation ist für uns nicht verhandelbar, sondern eine klare Pflicht, damit sich jede von uns sicher und wertgeschätzt fühlen kann. Schräge Anmachen, schlüpfrige Kommentare oder süffisante Witze dürfen die Herren gern gemeinsam am Stammtisch teilen.

Show me the Money, Honey: Warum es höchste Zeit für gleiche Bezahlung ist

Lasst uns ehrlich sein, liebe Damen: Die Forderung nach »gleichem Gehalt für gleiche Arbeit« ist schon seit geraumer Zeit ein heiß diskutiertes Thema. Oftmals verhallt diese Debatte, da in vielen Unternehmen eine gewisse Intransparenz darüber herrscht, welche Gehaltsstufen für verschiedene Positionen festgesetzt sind. Während es in amerikanischen Unternehmen anders aussieht, bleibt in Deutschland leider nach wie vor die Unsicherheit über die monetären Rahmenbedingungen für die berufliche Tätigkeit von Frauen bestehen.

Gemäß aktuellen Studien zum Gender Pay Gap verdienen Frauen in Deutschland pro Arbeitsstunde immer noch 18 % weniger als ihre männlichen Kollegen.[19] Die Gründe hierfür sind vielfältig. Die Ausnahme bilden hier Frauen in Vorstandspositionen, denn sie verdienen überraschenderweise mehr als ihre männlichen Kollegen.[20] Da jedoch nur 14 % der deutschen börsennotierten Unternehmen Frauen im Vorstand haben, ist dies ein Tropfen auf den heißen Stein.[21] Doch in der Geschäftswelt tragen Frauen einen genauso wertvollen Teil zum Erfolg bei wie Männer. Sie bringen Expertise, Führungsfähigkeiten und Innovationsgeist ein. Ihre Beiträge sind maßgeblich für das Gedeihen von Unternehmen verantwortlich.

Frauen im Business haben den Wunsch, dass ihre Leistungen unabhängig vom Geschlecht fair bewertet und dementsprechend angemessen vergütet werden. Denn gleiche Anstrengung sollte auch denselben finanziellen Wert besitzen. Ein grundlegendes Element für eine gerechte Entlohnung ist natürlich die Transparenz innerhalb der Gehaltsstrukturen. Unternehmen müssen eine Kultur der Offenheit und Fairness etablieren, in der Mitarbeiter:innen klare Informationen über ihre Gehälter und Aufstiegschancen erhalten (siehe S. 176 ff.). Dies kommt sowohl den Frauen als auch den Männern im Unternehmen zugute! Und damit klingelt es bei beiden in der Tasche.

> *»Was ich mir von Männern im Umgang wünsche, ist eine Kommunikation auf Augenhöhe, in der die Andersartigkeit als Chance betrachtet wird. Wir sollten gemeinsam für die Sache kämpfen, Konflikte aushalten und uns auf die besten Ideen und Lösungen konzentrieren, anstatt Ego-Themen in den Vordergrund zu stellen.«*
>
> ELENA

Kinder kosten keinen IQ: Gleiche Karrieremöglichkeiten nach der Elternzeit

Viele Frauen entscheiden sich nach der Geburt eines Kindes für eine Elternzeit, um sich ihrer Familie zu widmen und das kostbare erste Lebensjahr ihres Kindes zu begleiten. Doch nach dieser Auszeit möchten sie oft wieder in das Berufsleben zurückkehren und ihre Karriere fortsetzen. Dabei wünschen sie sich vor allem eines: gleiche Chancen wie vor der Elternzeit und die Möglichkeit, sinnvolle und herausfordernde Aufgaben zu übernehmen, anstatt sinnfreie Arbeiten erledigen zu müssen. Leider ist es jedoch in manchen Unternehmen nach wie vor an der Tagesordnung, dass diese Wünsche unbeachtet bleiben. Wenn Frauen nach der Elternzeit zurück in die Arbeitswelt eintauchen, kommt es nicht selten vor, dass die bisher bestehenden Aufgaben verteilt oder Positionen bereits durch andere Kollegen besetzt wurden und sich das Arbeitsumfeld so verändert hat, dass die Übernahme der bisherigen Zuständigkeiten nicht immer ohne Weiteres möglich ist. Bedauerlicherweise tendiert man dazu, Müttern Tätigkeiten zuzuschieben, die weit unter ihrem eigentlichen Können liegen: Das Aufräumen des Aktenschrankes, die Koordination des operativen Tagesgeschäftes oder Aufgaben, die überhaupt nichts mit den bisherigen Kompetenzen zu tun haben, werden gern an Mütter verteilt, die doch sowieso »nur« halbtags da sind. Ein trauriges Bild zeigt sich, wenn Frauen bisher Führungsrollen eingenommen haben und nicht sofort in Vollzeit zurückkehren. Die Vorstellung von Teilzeit-Führungskräften – unerhört!

Es ist frustrierend und demotivierend, wenn Frauen in der Geschäftswelt das Gefühl haben, dass ihre Kompetenz und Leistung abgewertet oder infrage gestellt werden, weil sie Mutter sind. Wir wünschen uns die gleichen Chancen wie vor der Elternzeit, um unsere Karriere dort fortzusetzen, wo wir aufgehört haben. Nach der Elternzeit streben wir nicht nach sinnlosen Aufgaben, sondern sehnen uns danach, wieder in fesselnde und herausfordernde Projekte einzutauchen. Als ob das Wechseln von Windeln, Singen von Kinderliedern oder Schieben eines Buggys an der Intelligenz der Frau gezehrt hätte und den IQ drastisch in den Keller hat rauschen lassen… Vielleicht ist eine Auffrischung des Fachwissens nötig oder Weiterbildungen sind gefragt – doch wir Frauen sind hierfür zweifelsohne aufgeschlossen.

»Es war für mich schwer, nach dem ersten Kind wieder ins Arbeitsleben zurückzufinden. Die Rahmenbedingungen waren einfach nicht gegeben. Doch Kinder sollten nicht das Ende der Karriere bedeuten. Das ist der falsche Ansatz!«

JENNY

Flexibilität darf gern auch in Männerdomänen Einzug halten. Beispielsweise sollten wichtige Meetings idealerweise zu Zeiten angesetzt werden, die für alle Mitarbeiter:innen machbar sind. Sicherlich mag es Situationen geben, in denen eine rasche Abstimmung erforderlich ist, doch eines steht fest: So flexibel, effizient und leistungsstark wie Mütter arbeiten, so bereit sind sie auch, diese Termine wahrzunehmen. Es sei denn, diese werden ohne Rücksicht auf familiäre Belange festgelegt. Es ist wichtig, dass Unternehmen Frauen in dieser Phase unterstützen und ihnen die gleichen Entwicklungsmöglichkeiten und Karriereperspektiven bieten, wie es bei ihren männlichen Kollegen der Fall ist.

Quotenfrauen-Label: Unser Können, nicht unser Geschlecht muss ins Rampenlicht

Sie ist noch immer präsent: die Frauenquote, die einst sicherlich mit noblen Absichten eingeführt wurde. Ob sie tatsächlich wirksam ist und wie gut sie funktioniert, bleibt jedoch fraglich. Doch für uns Frauen hat sie oft einen unerwünschten Beigeschmack, besonders wenn uns das Label »Quotenfrau« verliehen wird. Dieses kleine Etikett kann dazu führen, dass wir uns nicht ernst genommen fühlen oder dass unsere Erfolge heruntergespielt werden. Es ist zweifellos frustrierend, wenn wir in der Geschäftswelt das Gefühl haben, dass unsere Kompetenz und Leistung abgewertet werden.

> *»Wie oft hört man den Spruch ›Die hat den Job nur bekommen, weil sie eine Frau ist‹. Wir müssen von diesem Etikett wegkommen, da es uns sonst ein Leben lang begleitet. Die Person auf einer Position sollte nicht allein aufgrund ihres Geschlechts dort sein, sondern weil sie fachlich qualifiziert ist oder die erforderlichen Fähigkeiten besitzt.«*
>
> LAURA

Wir möchten keinesfalls den Eindruck haben, dass wir nur durch eine Quotenregelung unseren Platz im Unternehmen gefunden hätten und unsere Fähigkeiten und umfassenden Erfahrung überhaupt nicht zur Diskussion standen. Das ist so, als hätte man ein reduziertes Sofa im Möbelhaus nur wegen des niedrigen Preises gekauft, obwohl einem die rosa Farbe nicht annähernd zusagt. Uns Frauen geht es darum, unsere Talente zu entfalten und hervorragende Arbeit zu leisten. Wir wünschen uns eine Anerkennung, die auf unseren Fähigkeiten, unserem Engagement und unseren Resultaten basiert. Wir wollen keine Extrawürste, denn unsere Leistung, Expertise und unsere Fähigkeiten stehen denen unserer männlichen Kollegen in nichts nach. Es geht darum, fair für das geschätzt und respektiert zu werden, was wir in die berufliche Arena einbringen können. Frei nach dem Motto: Wer die Beste oder der Beste ist, soll den Platz erhalten.

Statt sich auf Quoten und Geschlechterverteilungen zu konzentrieren, sollten Unternehmen den Fokus auf die individuellen Fähigkeiten und Beiträge der Mitarbeiterinnen und Mitarbeiter legen. Frauen wünschen sich, dass ihr Erfolg und ihre Kompetenz im Unternehmen sichtbar sind und nicht durch Stereotype oder Vorurteile beeinflusst werden. Vielmehr möchten wir gern wir selbst sein. Authentizität spielt eine bedeutende Rolle für das Wohlbefinden und die Zufriedenheit von uns Frauen in einem männlichen Arbeitsumfeld. Und eines ist klar: Wenn Unternehmen das erkennen und fördern, wird die gesamte Arbeitsumgebung viel kreativer – ohne Quotenlabel und Barbie-Assoziationen.

> *»Ich war vor Kurzem mit einem einzigen männlichen Kollegen in einer Frauenrunde essen. Er fand es ungewöhnlich, dass er bei den Gesprächsthemen nicht mitreden konnte, da sie für ihn völlig neu waren. Das hat ihm gezeigt, wie es vielen Frauen in der Arbeitswelt oft ergeht, wenn Männer dominieren.«*
>
> ELENA

Na, hast du in diesem Abschnitt deine eigenen Wünsche näher ins Visier genommen? Das Geheimnis liegt darin: Ein Wunsch erfüllt sich erst, wenn du ihn ausprichst. Das ist der ultimative Kniff. Viele Frauen aus meinen Coachings beschreiben die in diesem Kapitel aufgeführten Situationen und sind frustriert, weil ihre Wünsche und Bedürfnisse nicht wahrgenommen werden. Natürlich kann unser Gegenüber einen geäußerten Wunsch standhaft ignorieren. Doch viel öfter liegt es einfach daran, dass wir nicht darum gebeten haben. Stilles Meckern und Vor-sich-hin-Nörgeln bringt uns dabei nicht weiter, liebe Damen. Ebenso wenig hilft diese Einstellung: »Warum muss ich überhaupt darum bitten? Hätte mein Gegenüber das nicht von allein merken können?«. Männer sind oft blind für stille Signale und ganz ehrlich, unsere männlichen Kollegen und Vorgesetzten sind nicht dafür da, unsere Wünsche zu erraten. Jede Frau hat das Recht, auszusprechen, was sie möchte. Und das sollten wir öfter in Anspruch nehmen! Bist du bereit, deine Wünsche offen kundzutun?

2. Frauenpower pur:
Die faszinierende Welt weiblicher Präsenz im Business

Das weibliche Gehirn im Hormonrausch:
Warum Frauen anders denken als Männer

»Frauen, die denken, sind gefährlich und unaufhaltsam.«

In einem Meeting, in dem eine für den Kunden unzureichende Lösung abgestimmt wird und meine Argumente überhört werden, entbrennt eine hitzige Diskussion. Umgeben von fünf männlichen Kollegen fühle ich mich zunehmend frustriert, da die Argumente meines messerscharfen Verstandes für eine kundenfreundliche Lösung einfach keine Beachtung finden. Die Entscheidung wird gegen meinen Willen gefällt. Ich werde überstimmt. Das Problem dabei: Ich darf den Kunden informieren und die Misere ausbaden. Und ich spüre, wie sich innerlich Wut in mir aufbaut, die ich vielleicht nicht ganz diplomatisch ausdrücke. Die Kollegen rollen mit den Augen. Beim Verlassen des Meeting-Raums lässt einer der Männer einen unbedachten, leisen Kommentar zu seinem Kollegen fallen: »Die hat bestimmt ihre Tage.« Mein Ärger erreicht den Siedepunkt und ich habe den starken Drang, ihm symbolisch den Kopf abzubeißen – wie eine jener Spinnenarten, bei denen das Männchen nach der Paarung sein Leben lässt. Doch statt meinen mörderischen Instinkten nachzugeben, erwidere ich schlagfertig: »Ich kann ganz klar denken und bin nicht hormonell verspannt. Aber ich finde die vorgeschlagene

Lösung einfach total daneben.« Plötzliche Stille. Der Kollege schaut betroffen auf seine Schuhspitzen und nimmt die Treppe statt mit mir den Aufzug. Die Reaktion des Kollegen zeigt, dass meine Worte ihre Wirkung hatten. Es bleibt für mich nur zu hoffen, dass solche Situationen in Zukunft fairer und respektvoller gehandhabt werden und eine Frau keinen Stempel aufgedrückt bekommt, nur weil sie hormonell anders tickt als ihre männlichen Kollegen.

Gendergaga-Rätsel: Faszinierende Unterschiede zwischen Männer- und Frauengehirnen

Unser Gehirn prägt die Art und Weise, wie wir sehen, hören, riechen und schmecken. Die Nerven laufen von unseren Sinnesorganen direkt zum Gehirn und dieses übernimmt die gesamte Interpretation. Aber das Gehirn leistet noch mehr. Es hat großen Einfluss darauf, wie wir uns die Welt vorstellen, ob wir eine Person für gut oder schlecht halten, uns das Wetter heute gefällt oder ob wir dazu neigen, uns um die anstehenden Aufgaben des Tages zu kümmern. Man muss keine Neurowissenschaftlerin sein, um das zu wissen. Spannend ist allerdings, dass der größte Teil der Gehirnentwicklung, welche den geschlechtsspezifischen Unterschied ausmacht, in den ersten 18 Wochen der Schwangerschaft stattfindet. Bis zum Alter von acht Wochen sieht jedes fötale Gehirn weiblich aus. Die Standardeinstellung der Natur für das Geschlecht ist also weiblich, Ladys. Hätte man(n) das gedacht? Ein enormer Testosteronschub, der in der achten Woche einsetzt, verwandelt dieses eingeschlechtliche Gehirn in ein männliches, indem er einige Zellen in den Kommunikationszentren schrumpfen und mehr Zellen in den Sex- und Aggressionszentren wachsen lässt. Mädchen erleben in der Gebärmutter nicht den Testosteronschub, der die Zentren für Kommunikation, Beobachtung und Gefühlsverarbeitung schrumpfen lässt, sodass ihr Potenzial, Fähigkeiten in diesen Bereichen zu entwickeln, bei der Geburt größer ist als das der Jungen. In den ersten drei Lebensmonaten nimmt die Fähigkeit eines Mädchens, Augenkontakt zu halten und sich gegenseitig ins Gesicht zu schauen, um über 400 % zu, während dieselbe Fähigkeit eines Jungen in dieser Zeit konstant bleibt. Die Gehirnzellen des fötalen Mädchens bilden mehr Verbindungen in den Kommunikationszentren und in den Bereichen aus, die Emotionen verarbeiten.

Die Struktur, Funktion und Chemie unseres weiblichen Gehirns beeinflussen unsere Stimmung, Denkprozesse, Energie, sexuellen Triebe, unser Verhalten und Wohlbefinden immens. Grundlegend wurde festgestellt, dass mehr als 99 % des männlichen und weiblichen genetischen Codes praktisch identisch sind. Von den 30.000 Genen im menschlichen Genom sind die Unterschiede zwischen den Geschlechtern mit weniger als 1 % gering. Und dieser kleine Anteil soll verantwortlich sein für das ganze Gender-Gaga? Klingt mehr als unlogisch für meinen weiblichen Verstand. Ist aber so!

Gehirne von Männern sind um etwa 9 % größer als die von Frauen. Deshalb gingen Wissenschaftler früher davon aus, dass Frauen eine geringere geistige Leistungsfähigkeit haben als Männer. Frauen und Männer haben jedoch die gleiche Anzahl von Gehirnzellen. Die Zellen sind bei Frauen nur dichter gepackt. Männer und Frauen haben auch das gleiche durchschnittliche Intelligenzniveau, aber die Realität des weiblichen Gehirns wurde oft dahingehend fehlinterpretiert, dass es in bestimmten Bereichen, wie z. B. Mathematik und Naturwissenschaften, weniger leistungsfähig ist. Heute wissen wir, dass der Unterschied in den mathematischen und naturwissenschaftlichen Fähigkeiten von Mädchen und Jungen spätestens im Teenageralter nicht mehr zu erkennen ist. Wir alle wissen aus Erfahrung, dass Frauen und Männer Astronauten:innen, Künstler:innen, Geschäftsführer:innen, Ärzt:innen, Ingenieur:innen, Mathematiker:innen, Wissenschaftler:innen und vieles mehr sein können.

»Wir alle denken aus verschiedenen Blickrichtungen und sehen die Dinge anders. Wenn wir gemeinsam an einer Sache arbeiten und Lösungen finden, erreichen wir damit unsere Ziele viel besser und effizienter.«

JENNY

Die Macht des weiblichen Gehirns: Warum Frauen die Welt mit anderen Augen sehen

Doch warum denken Frauen anders als Männer? Auch wenn die Gehirne von Natur aus fast identisch sind, sind männliche und weibliche Gehirne in wichtigen Bereichen unterschiedlich. Das erwachsene Gehirn weist ein stereotypes Muster von regionalen Geschlechtsunterschieden auf.[22] Was wäre, wenn das Kommunikationszentrum in einem Gehirn ausgeprägter ist als in dem anderen? Was wäre, wenn ein Gehirn eine größere Fähigkeit entwickelt, emotionale Signale aufzunehmen und Hinweise in Menschen zu lesen, als das andere? Was wäre, wenn das emotionale Gedächtniszentrum in einem Gehirn größer ist als in dem anderen? In diesem Fall hätten wir eine Person, deren Realität vorschreibt, dass Kommunikation, Verbundenheit, emotionale Sensibilität und Reaktionsfähigkeit die wichtigsten Werte sind. Im Grunde genommen hätten wir eine Person mit einem weiblichen Gehirn. Diese Frau würde die genannten Qualitäten über alles andere stellen und wäre verblüfft über männliche Kollegen, die die Bedeutung dieser Qualitäten nicht begreifen, geschweige denn auf ihrer Prioritätenliste haben. Das kann schon für so manche Überraschungsmomente sorgen. Aber lassen wir uns nicht unterkriegen! Frauen denken anders als Männer und das dürfen wir im Business nutzen.

Wissenschaftler haben eine erstaunliche Reihe von strukturellen, chemischen, genetischen, hormonellen und funktionellen Unterschieden zwischen Frauen und Männern im Gehirn dokumentiert. Wir wissen mittlerweile, dass das Gehirn von Männern und Frauen unterschiedlich empfindlich auf Stress und Konflikte reagiert. Männer und Frauen nutzen unterschiedliche Hirnareale und Schaltkreise, um Probleme zu lösen, Sprache zu verarbeiten, Emotionen zu erleben und zu speichern. Frauen können sich an die kleinsten Details ihrer ersten Verabredungen und ihre größten Streitereien erinnern, während Männer sich kaum daran erinnern, dass diese Dinge passiert sind. Gehirnstruktur und -chemie haben viel damit zu tun, warum das so ist.

Das weibliche Gehirn verfügt über enorme einzigartige Fähigkeiten: herausragende verbale Gewandtheit, die Fähigkeit, tiefe Freundschaften zu schließen, die feinsinnige Fähigkeit, in Gesichtern und im Tonfall Gefühle und Gemütszustände zu erkennen und die Fähigkeit, Konflikte zu entschärfen. All dies ist in den Gehirnen von Frauen fest verdrahtet. Dies sind die Talente, mit denen wir Frauen geboren werden. Männer werden mit anderen Talenten geboren, die durch ihre eigene hormonelle Realität geprägt sind.

Da die Kommunikations- und Gefühlszentren im Gehirn sehr stark ausgeprägt sind, können Frauen sehr gut Gesichter lesen und emotionale Töne hören. Wir prüfen am Gesicht unseres Gegenübers, ob uns zugehört wird oder nicht. Bereits kleine Mädchen tolerieren keine neutralen Gesichter. Sie interpretieren ein emotionsloses Gesicht als ein Signal, dass sie etwas nicht richtig machen. Leider hält diese Interpretation auch noch im Erwachsenenalter einer Frau an, sodass wir oft einiges dafür tun, dass unser Gesprächspartner eine Gemütsregung zeigt. Ist unser Gegenüber ein Mann, kann das im Business-Kontext ein herausforderndes Unterfangen sein.

> »Ich denke, Frauen sind oft besser darin, sich in die Gefühle
> und Gedanken anderer Menschen hineinzuversetzen.
> Wir denken nicht nur darüber nach, was gesagt wird,
> sondern auch, wie es auf andere wirken könnte. Das ist eine
> wichtige Komponente, insbesondere in Führungspositionen,
> wenn es darum geht, wie Mitarbeiter auf Entscheidungen
> des Top-Managements reagieren.«
> ELENA

Dabei hilft uns auch, dass wir ein breiteres Spektrum an emotionalen Tönen in der menschlichen Stimme hören können. In den Gehirnzentren für Sprache und Gehör haben Frauen 11 % mehr Neuronen als Männer. Auch der wichtigste Knotenpunkt für Emotionen und Gedächtnisbildung – der Hippocampus – ist im weiblichen Gehirn größer, ebenso wie die Gehirnareale für Sprache und die

Wahrnehmung von Emotionen bei anderen Menschen. Das bedeutet, dass Frauen im Durchschnitt besser in der Lage sind, Emotionen auszudrücken und sich an Details emotionaler Ereignisse zu erinnern. Männer hingegen verfügen über größere Gehirnzentren für Sexualtrieb, Aktion und Aggression. Männer haben auch größere Prozessoren im Kern des primitivsten Bereichs des Gehirns, der Angst registriert und Aggressionen auslöst – der Amygdala. Das ist der Grund, warum manche Alpha-Männchen in einem Konflikt innerhalb von wenigen Sekunden von Null auf Hundert umschalten können, während viele Frauen alles versuchen, um einen Streit zu entschärfen. Frauen tragen oft dazu bei, eine harmonische Arbeitsumgebung zu fördern, Konflikte zu entschärfen und auf Zusammenarbeit und Konsens hinzuarbeiten. Diese diplomatische weibliche Energie kann in einem männerreichen Umfeld sehr geschätzt sein. Was nicht heißen soll, dass wir in unseren kämpferischen Momenten als Amazone nicht auch mal auf den Tisch hauen können, liebe Ladys.

Doch warum werden Frauen mit einer so hochentwickelten geistigen Apparatur geboren, die Gesichter wie ein Profiler analysieren kann, emotionale Nuancen in Stimmen erkennt und auf unausgesprochene Signale anderer blitzschnell reagiert? Denk mal drüber nach! Ein solches Gehirn ist für Verbindungen gebaut. Das ist die Hauptaufgabe des weiblichen Gehirns und dazu treibt es uns Frauen von Geburt an.

> *»Definitiv denken Frauen anders. Und deshalb ist es so*
> *interessant und spannend, gemischte Teams zu haben.*
> *Würden wir alle gleich denken, würde am Ende dieselbe Soße*
> *rauskommen. Wenn wir alle Denkweisen zusammenbringen,*
> *dann kommt am Ende etwas Besseres heraus!«*
> DORIS

Die grundlegenden strukturellen Unterschiede im Gehirn sind Ursache für viele alltägliche Unterschiede im Verhalten und in den Lebenserfahrungen von Männern und Frauen. Frauen können völlig andere Situationen als bedrohlich wahrnehmen: Die Anforderungen des Berufs in Kombination mit Haushalt und Kindern können das weibliche Gehirn veranlassen, so zu reagieren, als sei Frau von einer bevorstehenden Katastrophe bedroht. Das männliche Gehirn wird nicht die gleiche Wahrnehmung haben, es sei denn, die Bedrohung ist eine unmittelbare physische Gefahr in Form eines Rivalen oder Konkurrenten im Business. Diese Unterschiede in der Wahrnehmung können sich auf das Verhalten und die Entscheidungsfindung von Frauen und Männern im Geschäftsleben auswirken. Es ist wichtig, diese Unterschiede im Geschäftsumfeld anzuerkennen, um eine unterstützende Arbeitskultur zu schaffen.

Hormonelle Realitätsverzerrung: Wenn Frauen ihre eigene Wettervorhersage haben

Doch eines dürfen wir bei uns Frauen nicht vergessen: unsere Hormone. Denn sie haben nicht zu unterschätzende, neurologische Auswirkungen und beeinflussen in den verschiedenen Lebens- und Zyklusphasen unsere Wünsche, Werte und die Art und Weise, wie wir unsere Realität wahrnehmen – auch im Business.

Kein Gehirn bleibt ein Leben lang dem gleichen Hormoncocktail ausgesetzt. Sowohl bei Männern als auch bei Frauen unterliegt der Hormonspiegel starken Schwankungen, abhängig von Tages- und möglicherweise sogar von Jahreszeiten. Bei Frauen verändern sich die Hormonkonzentrationen im Blut im Verlauf des Menstruationszyklus sowie mit dem Einsetzen einer Schwangerschaft oder der Menopause. Diese Veränderungen haben eine enorme Auswirkung: Studien zeigen, dass die Hormonfluktuation während der Schwangerschaft das Gehirn in bestimmten Bereichen regelrecht umgestaltet. Darüber hinaus beeinflussen auch die subtileren hormonellen Schwankungen im monatlichen Rhythmus des Menstruationszyklus regelmäßig die Hirnstruktur.

> »In bestimmten Zyklen habe ich festgestellt, dass Hormone
> einen Einfluss auf mein Denken und Handeln haben.
> Auch wenn ich das selbst schrecklich finde, wenn ich es bemerke:
> Aber so ist die Natur. Die wird sich schon was dabei gedacht
> haben, warum Östrogene und Testosteron Einfluss
> darauf haben, wie wir agieren.«
>
> SABRINA

Es ist nachgewiesen, dass Hormonveränderungen unsere Leistungsfähigkeit, unser Denken und Fühlen beständig beeinflussen. Tests an Frauen zu verschiedenen Zeiten ihres Menstruationszyklus belegen, dass Frauen während der Phase eines hohen Östrogenspiegels in Sprachtests am besten abschnitten, die Fähigkeit des räumlichen Wahrnehmens jedoch nachließ.[23] In einem faszinierenden Experiment der Universität Montreal wurden Frauen als auch Männer mit verschiedenen Bildern konfrontiert – mit lustigen, beängstigenden und traurigen Motiven. Während sie ihre emotionalen Reaktionen beschrieben, überwachten die Forscher ihre Hirnaktivität mittels Magnetresonanztomografie und analysierten ihre Hormonspiegel im Blut. Das Ergebnis war interessant: Frauen empfanden die negativen Emotionen intensiver und reagierten empfindlicher, je niedriger ihr Testosteronspiegel war.[24] In einer Studie zur systematischen Überprüfung der kognitiven Funktionen und der Emotionsverarbeitung während des Menstruationszyklus' wurde festgestellt, dass eine bessere Leistungsfähigkeit im verbalen und räumlichen Arbeitsgedächtnis mit hohen Östradiolspiegeln zusammenhängt. Emotionsbezogene Veränderungen, wie eine bessere Genauigkeit bei der Erkennung von Emotionen und ein verbessertes emotionales Gedächtnis, wurden festgestellt, wenn sowohl die Östrogen- als auch die Progesteronspiegel hoch waren.[25]

Doch Ladys, glaubt nicht alles, was ihr denkt: Das Konzept des »Prämenstruellen Syndroms« – kurz PMS – ist bei uns so etabliert, dass es zu einer Art selbsterfüllender Prophezeiung werden kann, die dazu benutzt wird, Ereignisse zu erklären oder dafür verantwortlich zu machen, die genauso gut auf andere Faktoren zurückgeführt werden könnten. Die hormonellen Veränderungen während der Menstruation können natürlich direkt auf Bereiche unseres Gehirns wirken.[26] Doch Hand aufs Herz: Manchmal tendieren wir dazu, menstruationsbedingte biologische Probleme für negative Stimmungen verantwortlich machen, auch wenn situative Faktoren ebenso gut die Quelle der Schwierigkeiten sein könnten.

Aufgrund der hormonellen Schwankungen, die bereits im Alter von drei Monaten beginnen und bis nach der Menopause andauern, ist die neurologische Realität einer Frau nicht so konstant wie die eines Mannes. Sie gleicht dem Wetterbericht oder ist eher wie das Wetter selbst – ständig wechselnd und schwer vorherzusagen. Doch leider können wir in einem männlichen Business-Umfeld nicht einfach sagen: »Achtung, heute ist mit möglichen Hormonstürmen zu rechnen! Packt euer Verständnis und euren Regenschirm ein, liebe Kollegen!« Wir dürfen Wege finden, wie wir in einem vorwiegend männlichen Arbeitsumfeld mit hormonellen Schwankungen umgehen können. Wichtig ist, dass wir uns bewusst machen, dass diese Schwankungen vorübergehender Natur sind. Es kann hilfreich sein, Strategien zu entwickeln, um mit emotionalen und körperlichen Veränderungen umzugehen. Sei es durch regelmäßige Bewegung, ausreichend Schlaf, eine gesunde Ernährung, ein großes Maß an Selbstfürsorge oder die Freiheit, uns Rückzug zu gönnen, wenn wir ihn brauchen. Damit können wir unsere eigene Arbeitsleistung und das Wohlbefinden auch an diesen Tagen unterstützen. Und für alle Gentlemen, die mitlesen: Auch wenn es mal stürmisch wird, zaubert ein Lächeln auf die Gesichter der Damen, denn das ist eine Geheimwaffe, um den Hormonpegel positiv zu beeinflussen.

Die Macht des Geistes: Wie du dein Denken formst

Doch ist die Biologie nun unser Schicksal, dem wir hilflos ausgeliefert sind? Natürlich nicht! Die Natur hat sicherlich die stärkste Hand bei der Auslösung geschlechtsspezifischer Verhaltensweisen, aber Erfahrung, Übung und Interaktion mit anderen können Neuronen und die Gehirnverkabelung verändern. Wenn du dir der Tatsache bewusst bist, dass viele Impulse rein biologisch von unserem Gehirn gesteuert werden, kannst du dich immer bewusst dafür entscheiden, wie du handeln und agieren möchtest.

Das menschliche Verhalten wird durch das Gehirn geformt, während gleichzeitig das Verhalten das Gehirn beeinflusst. Insbesondere wiederholte Erfahrungen haben die Fähigkeit, das Denkorgan langfristig zu prägen. Wenn du z. B. Klavier spielen lernen möchtest, darfst du üben. Jedes Mal, wenn du übst, weist dein Gehirn dieser Aktivität weitere Neuronen zu. Bis du schließlich neue Schaltkreise zwischen diesen Neuronen gelegt hast, sodass das Klavierspielen zu deiner zweiten Natur wird.

Es gibt Studien, die sich mit der Denkweise von Frauen und Männern beschäftigt, um Erkenntnisse über die Bedeutung des Denkens für die Motivation und Leistungsfähigkeit von Menschen herauszufinden.[27] Eine »fixe Denkweise« oder ein »Fixed Mindset« bedeutet im Wesentlichen, dass man fest davon überzeugt ist, dass die eigenen Fähigkeiten und Talente festgelegt sind und man wenig daran ändern kann. Diese Denkweise prägt maßgeblich den Umgang mit den Herausforderungen des Lebens. Im Gegensatz dazu steht die »Wachstumsmentalität« oder das »Growth Mindset«, bei der bzw. dem man davon überzeugt ist, dass die eigenen Fähigkeiten weiterentwickelt werden können, dass man Herausforderungen annimmt, Kritik willkommen heißt und stets bereit ist, dazuzulernen, ganz gleich welches Geschlecht man hat. Wir Frauen dürfen uns gern Zeit und Raum nehmen, um unsere Denkmuster zu überprüfen und negative Überzeugungen zu erkennen, die uns in einem »Fixed Mindset« gefangen halten. In meinen Coachings arbeite ich mit meinen Coachees oft mit alten, überlebten Glaubenssätzen, die es aufzulösen gilt. Eines steht fest: Ein festgefahrenes Mindset, ganz gleich wie lange es schon besteht, kann in ein aufstrebendes »Growth Mindset« umgewandelt werden.

> »Unsere Glaubenssätze über das, was wir alles nicht dürfen und uns selbst verbieten, können wir getrost loslassen und einfach mal sagen ›Hey ich bin genauso viel wert wie jeder andere hier am Tisch und ich gehe jetzt einfach meinen Weg, so wie ich glaube, dass es richtig ist‹«.
>
> ELENA

Unsere Gedanken haben großen Einfluss darauf, wie wir uns selbst wahrnehmen und wie wir handeln. Ein mächtiger Hebel, um unser Denken zu beeinflussen, sind unsere Erwartungshaltung, denn sie prägen die Realität, die wir erschaffen. Dieses psychologische Phänomen – der sogenannte Pygmalion-Effekt – bezieht sich auf die Idee, dass positive Erwartungen das Denken und Verhalten einer Person positiv beeinflussen können, ganz gleich ob diese Person männlich oder weiblich ist. Das heißt, Überzeugungen und Erwartungen, die andere Menschen an uns haben, üben einen direkten Einfluss auf unsere Leistung und unser Potenzial aus. Wenn jemand – ganz gleich ob Mann, Frau oder wir selbst – an uns glaubt, uns unterstützt und hohe Erwartungen an uns stellt, neigen wir dazu, uns selbst mehr anzustrengen, unser Bestes zu geben, um diesen Erwartungen gerecht zu werden. Liebe Ladys, es hängt also nicht nur von der jeweiligen Situation und dem Geschlecht ab, wie wir bestimmte Aufgaben lösen, sondern auch davon, wie (optimistisch und positiv) wir unsere eigenen mentalen Fähigkeiten einschätzen und wie gut wir uns gegenseitig unterstützen. Wenn das kein Performance Booster ist!

Also, lasst uns eines klarstellen: Nur weil du eine Frau und dein Kollege vielleicht ein Mann ist, heißt das noch lange nicht, dass wir uns den komplizierten Genderstrukturen unserer Gehirne beugen müssen. Unsere grauen Zellen sind flexibel wie Gummi in der Sonne und passen sich an die Herausforderungen des Alltags an. Es kann gut sein, dass unsere Gehirne unterschiedliche Geschichten erleben, je nachdem, ob wir in High Heels oder in Sneakers, pink oder blau gekleidet durch das Leben gehen. Diese Erfahrungen formen uns und bringen unsere graue Substanz dazu, sich mal hierhin und mal dorthin zu bewegen. Diese Vielfalt im Denken und Handeln kann zu einer fruchtbaren Dynamik im Business führen, da sowohl Frauen als auch Männer unterschiedliche Perspektiven und Herangehensweisen einbringen.

Karrierekiller »Mental Load«: Wenn Frauen immer an alles denken müssen

Dein Geist macht immer Überstunden? Ständig rattert deine To-do-Liste ähnlich einem Newsticker in deinem Kopf? Du denkst daran, welche Aufgaben am Arbeitsplatz und zu Hause noch erledigt werden müssen? Dann bist du nicht allein: Frauen denken ständig, immer und überall an alle wichtigen Dinge, nicht nur im Familienalltag. »Mental Load« oder auch »Mental Overload« bezeichnet die immense Belastung, die durch scheinbar banale Alltagsaufgaben im Haushalt, die Kinderbetreuung und die Familienorganisation entsteht. In meinen Coachings und Trainings fällt auf, dass diese Last überproportional von uns Frauen getragen wird.

Das Dilemma besteht darin, dass das Planen und Organisieren von Dingen bereits eine Vollzeitaufgabe an sich ist. Frauen, die bereits damit beschäftigt sind, mal eben alles »nebenbei« zu managen, empfinden oft eine mentale Erschöpfung. Sie haben weniger Interesse daran, zusätzliche Entscheidungen zu treffen, die über die täglichen Herausforderungen hinausgehen. Diese Einstellung spiegelt sich auch in der Arbeit wider: Noch mehr Verantwortung? Nein, danke! Wenn man berufstätige Frauen mit Familie fragt, warum sie aus Führungspositionen ausscheiden, liegt dies oft nicht nur an den Vorkommnissen am Arbeitsplatz.[28] Vielmehr liegt es an der Kombination ihres Tagesjobs mit ihrer Zweitbeschäftigung, der Bewältigung der endlosen Aufgaben im Haushalt und der Familie: Was muss erledigt werden, wer muss zu welcher Uhrzeit wo sein und wie lässt sich das alles unter einen Hut bringen? Diese Belastung des Haushaltsmanagements ist konstant, wird nicht anerkannt und unbezahlt gelassen – und sie trifft Frauen überproportional stark, was ihre Möglichkeiten einschränkt, sich auf ihre Karriere zu konzentrieren und in Führungspositionen aufzusteigen.

> *»Ich glaube, dass Frauen oft dazu neigen, alles zu zerdenken und übermäßig nachzudenken, da sie parallel viele Dinge bewältigen müssen.«*
> LAURA

Um die immense Last, die berufstätige Frauen zu Hause tragen, zu quantifizieren, hat die Boston Consulting Group eine Umfrage unter mehr als 6500 Mitarbeitern in 14 Ländern und verschiedenen Branchen durchgeführt.[29] Dabei wurde untersucht, wer die Verantwortung für alltägliche Haushaltsaufgaben wie Einkaufen, Kochen, Putzen, Rechnungen-Bezahlen und Gartenarbeit trägt. Es ist anzumerken, dass die Teilnehmer:innen in einer festen, heterosexuellen Beziehung leben mussten, da das Ziel war, die Dynamik zwischen Männern und Frauen in traditionellen Familienstrukturen zu untersuchen, auch wenn nicht traditionelle Familienstrukturen immer häufiger vorkommen.

Es ist wenig überraschend, dass die Verteilung zeitaufwendiger Hausarbeiten nach wie vor stark geschlechtsspezifisch ist – selbst in Haushalten, in denen beide Partner Vollzeit arbeiten. Demnach tragen Frauen immer noch doppelt so häufig die Hauptverantwortung für Haushaltsaufgaben wie Männer – mit dem netten »Nebeneffekt«, dass Männer mehr Zeit haben, sich auf ihre Karrieren zu konzentrieren bzw. nach einem anstrengenden Arbeitstag die Akkus aufzuladen. Die mentale Belastung liegt immer noch unverhältnismäßig stark bei uns Frauen. Einige Unternehmen mögen argumentieren, dass das, was bei den Mitarbeitern zu Hause geschieht, nicht ihre Angelegenheit sei. Angesichts der Verflechtung von Arbeit und Privatleben ist diese Denkweise jedoch kurzsichtig und veraltet. Wenn Unternehmen Frauen wirklich fördern möchten, darf das Thema »Mental Overload« keine Nebensächlichkeit bleiben.

> *»Nichts ist besser oder schlechter. Wenn wir es schaffen, anzuerkennen, dass es gut ist, dass Männer und Frauen anders denken und handeln, und wir die Summe der Teile wirklich nutzen können, um das Business voran zu bringen, genau dann haben wir was gewonnen.«*
> SABRINA

Wir Frauen streben nach wie vor nach Spitzenpositionen und wollen im Job erfolgreich sein. Es ist jedoch wesentlich schwieriger, dieses Ziel zu erreichen, wenn wir zu Hause mit einer Vielzahl von Aufgaben jonglieren müssen. Die gesteigerte mentale Belastung von Frauen hat tatsächlich konkrete Auswirkungen auf Unternehmen, insbesondere indem sie die Entwicklung von weiblichen Power-Talenten behindert. Interessanterweise haben Untersuchungen gezeigt, dass entgegen der gängigen Annahme weder Heirat noch Kinderkriegen den Ehrgeiz von Frauen im Vergleich zu Männern verringert. Vielmehr wird der Ehrgeiz maßgeblich von der Unternehmenskultur beeinflusst.[30]

Und jetzt bist du dran: Was schreibst du ab sofort auf deine Notto-do-Liste?

Wunderbare Welt: Unterschiedliche Denkweisen von Männern und Frauen

Es ist eine wunderbare Bereicherung, dass Männer und Frauen unterschiedlich denken. Vielleicht kommst du dir damit in einer männlich dominierten Branche wie ein Einhorn vor. Doch verschiedene Denkweisen eröffnen uns neue Möglichkeiten, unsere Fähigkeiten zu erweitern, neue Perspektiven einzunehmen und eine vielfältigere und kreativere Arbeitswelt zu gestalten. Wir dürfen uns nicht von emotionalen Achterbahnfahrten, Stereotypen zu Gender Brain oder unserem Hormonrausch abschrecken lassen. Stattdessen sollten wir uns darauf konzentrieren, unsere einzigartigen Gehirne einzusetzen und die Welt mit unseren unterschiedlichen Denkweisen zu bereichern.

> *»Ich möchte meinem Kollegen nicht beibringen, die Dinge anders zu sehen. Man kann Menschen nicht erziehen oder ihnen vorschreiben, wie sie sich verhalten sollen. Solange alles respektvoll bleibt, ist alles in Ordnung.«*
>
> LAURA

Die Hirnforschung ist ein komplexes Feld und es gibt nach wie vor viele Mythen und Missverständnisse. Niemand hat Lust, in einer biosozialen Zwangsjacke gefangen zu sein, die unser Gender-Gehirn in die eine oder andere stereotyp und kulturell geprägte Richtung lenkt. Wir dürfen gern mit einem kritischen Geist Dinge hinterfragen, offenbleiben und uns eine eigene Meinung bilden. Jeder Mensch ist einzigartig, unabhängig von seinem Geschlecht, und wir sollten uns gegenseitig ermutigen, unsere Unterschiede zu schätzen und voneinander zu lernen. Und zum Schluss noch etwas, was mir ganz besonders Herzen liegt: Ja, wir sind eine Nation der Denker. Doch wenn du mit dem Verstand nicht weiterkommst, setz ihn gern mal in die zweite Reihe und hol deine Herzintelligenz auf die Bühne. Von Kopf zum Herz sind es zwar nur 30 Zentimeter, doch das ist für uns Menschen oft der wichtigste Weg, den wir gehen können, damit eine Lösung funktioniert – auch im Business.

High Performance ist weiblich: Außergewöhnliche Leistungsbereitschaft unter Frauen

»Suche fünf fleißige Männer oder eine Frau.«

Erschöpft sitzt Alina, eine 35-jährige Frau, vor mir. Sie ist Angestellte in einem großen Finanzunternehmen und ihre Augenringe sprechen Bände. Dennoch zwingt sie sich zu einem müden Lächeln, als ich sie herzlich begrüße. Alina ist Mutter eines zehnjährigen Sohnes und arbeitete offiziell 75 % in Teilzeit im Portfoliomanagement. Doch in Wirklichkeit fühlt es sich fast wie Vollzeit an, denn sie strebt nach dem nächsten Karrieresprung. Um dieses Ziel zu erreichen, leistet sie etliche, unbezahlte Überstunden. Als ich Alina frage, was sie zu mir ins Coaching führt, erzählt sie, sie habe das Gefühl, dass sie im Hamsterrad immer schneller laufen muss. Ihr Vorgesetzter plant, sie bald zu befördern, und dafür muss sie Gas geben. Sie ist dankbar, dass er es überhaupt in Erwägung zieht, obwohl sie doch »nur« in Teilzeit arbeitet. Ihre Stimme klingt ermattet, sie ist den Tränen nahe und ihre Worte verraten den Druck, unter dem sie steht. Als ich weiter erkunde, wie es um ihre Kraft- und Energieressourcen bestellt ist, antwortet Alina resigniert, ihr Akku sei völlig leer und sie sei komplett erschöpft. Aber Ruhe könne sie sich nicht leisten. Zuhause übernimmt sie die meiste Arbeit für ihren Sohn allein, bis ihr Mann gegen 19:45 Uhr nach Hause kommt. Bis dahin ist bereits alles erledigt: Schularbeiten, Arztbesuche, Haushalt.

Viele Frauen haben das Gefühl, in unserer Leistungsgesellschaft, in der uns in vielen Lebensbereichen Schaffenskraft und Leistungsbereitschaft abverlangt wird, immer schneller zu laufen – obwohl ihre Nerven bereits über Gebühr strapaziert sind. Doch müssen Frauen im Business wirklich mehr leisten als ihre männlichen Kollegen? Entspricht dies objektiven Tatsachen oder einer subjektiven Wahrnehmung? Und ist es mit der Leistung am Arbeitsplatz getan – gemäß dem Motto: PC und Licht aus, heimfahren und Füße hochlegen? Oder dürfen wir Frauen auch in anderen Lebensbereichen Mehrarbeit leisten? Wie bleiben wir wirklich leistungsfähig? Jedes Hamsterrad sieht von innen aus wie eine Karriereleiter. Doch reicht Leistung allein aus, um auch erfolgreich vorwärts zu kommen?

All den Fragen gehen wir in diesem Kapitel auf den Grund. Doch an dieser Stelle möchte ich euch schon einmal meine Wertschätzung zum Ausdruck bringen: Ladys, ihr seid einfach großartig! Euer Engagement und eure Leistungen verdienen höchste Anerkennung. Euer unermüdlicher Einsatz und eure Hingabe, jeden Tag euer Bestes zu geben, ist bewundernswert. In vielen Bereichen des Lebens wird von uns Frauen viel verlangt. Und ihr stellt euch dieser Herausforderung mit Stärke und Entschlossenheit. Ob im Beruf, als Mütter, Partnerinnen oder in anderen Lebensbereichen: Ihr seid bereit, Mehrarbeit zu leisten, um eure Ziele zu erreichen. Und das ist einfach beeindruckend!

> *»Ich höre von Frauen oft den Satz ›Ich muss im Vergleich zu männlichen Kollegen mehr leisten‹. Ich bin mir nicht sicher, ob das objektiv stimmt. Oder ob es vielmehr so ist, dass wir unsere Leistung besser präsentieren müssen. Wenn wir permanent in der zweiten Reihe stehen und andere die Lorbeeren einsammeln lassen, können wir so viel leisten wie wir wollen, und natürlich braucht es dann relativ gesehen mehr Leistung, um überhaupt gesehen zu werden.«*
> SABRINA

High Performance ist weiblich: Warum Höchstleistung die weibliche Champions League ist

Die Hälfte der Deutschen glaubt, dass Frauen im Job mehr leisten müssen, um genauso erfolgreich zu sein wie Männer. Frauen fühlen sich noch stärker benachteiligt, da fast 63 % von ihnen der Meinung sind, dass sie mehr leisten müssen, um das Gleiche zu erreichen wie ihre männlichen Kollegen. Das Bewusstsein der Männer für die weibliche Leistungsfähigkeit ist allerdings nicht allzu groß, denn nur 26 % der Männer teilen diese Ansicht. Die Meinungen von Voll- und Teilzeiterwerbstätigen gehen dabei auseinander: Teilzeitbeschäftigte glauben stärker, dass Frauen im Job mehr powern müssen und fühlen sich offenbar stärker gefordert.[31]

Und dabei ist lediglich die Leistung gemeint, die wir Frauen im Business vollbringen. Die Mehrarbeit, die Frauen unbezahlt im Haushalt verrichten, kommt noch hinzu. Und was ihr da leistet, liebe Damen, ist beachtlich: Mehr als einen halben zusätzlichen Arbeitstag – um genau zu sein vier Stunden und 29 – Minuten verbringen wir Frauen in Deutschland im Schnitt täglich mit unbezahlter Arbeit wie Hausarbeit, Kinderbetreuung, Versorgung Angehöriger, Vereins- und Wohltätigkeitsarbeit.[32]

Die Fakten sind klar, Mädels! High Performance ist weiblich! Wir Frauen sind wahre Höchstleistungsmaschinen. Unser DNA-Code wurde definitiv auf Turbo-Modus programmiert, um jeden Tag das Allerbeste aus uns herauszuholen. Doch die eine oder andere unter uns ist froh, wenn sie allmorgendlich von der Kraft eines Espressos wachgeküsst wird und den Concealer über die Augenringe legen kann. Muss das so sein? Auf keinen Fall! Höchstleistung kann einfach sein, ohne dass du dir dafür ein Bein ausreißen musst. Das klingt ein wenig wie Kuchen zu essen, ohne dick zu werden. Und dabei wissen wir doch, dass jedes Extrapfund auf der Waage nur unschöne Fältchen glattzieht. Spaß beiseite! Mit den nachfolgenden Strategien gelingt es dir mit Leichtigkeit, leistungsfähig zu bleiben, ohne auszubrennen.

*»Wenn jede Frau wirklich herausfindet, wer sie ist,
was sie kann, wohin sie möchte und klare Ziele vor Augen hat,
kann sie in einer Männerdomäne authentisch bleiben.
Das ist der Schlüssel zum Erfolg.«*

LAURA

In diesem Abschnitt stelle ich dir die wichtigsten High-Performance-Strategien vor, die dir dabei helfen können, deine Leistung zu beflügeln und täglich das Beste aus dir herauszuholen. Das Besondere daran ist, dass du für jede Strategie einen einfachen Hack erhältst, mit dem du diese mühelos in deinem eigenen Leben umsetzen kannst. Um alle hier präsentierten High-Performance-Strategien gesammelt zu erhalten, lade dir kostenlos die Liste von meiner Webseite herunter (kathrinleinweber.de). Taktiken und Tools dazu findest du natürlich auch in meinem Podcast »99 % Hack«. Scanne dazu einfach den QR-Code zu YouTube oder meiner Website hinten im Buch.

#Hack Klarheit: Setz dir Ziele und hab eine Vision

Frauen, die täglich ihr Bestes geben und eine herausragende Leistung erbringen, zeichnen sich durch Klarheit aus. Sie haben eine deutliche Vorstellung davon, wohin sie wollen. Mit einem klaren Ziel oder einer Vision, die du verwirklichen möchtest, bist du jeden Tag bereit, alles zu geben, um diesem Ziel näher zu kommen. Dadurch steigt deine Bereitschaft, Höchstleistungen zu erbringen. Wenn du weißt, wohin du willst, findest du mit deinem inneren Kompass den Weg von selbst. Ohne ein Ziel kommen wir jedoch nirgendwo an oder oft nicht da, wo wir wirklich hinwollen. Es gleicht einer Lady ohne Einkaufsliste, die ziellos von Boutique zu Boutique eilt und am Ende mit wunderschönen Schuhen für jegliche Anlässe heimkehrt, obwohl sie ursprünglich nur Kaffee besorgen wollte. Frauen mit Klarheit haben große Visionen. Sie setzen sich enorm hohe Ziele, die für andere scheinbar unerreichbar sind. Ihre Vorstellungskraft kennt keine Grenzen. Sie werfen täglich den Speer, der ihr Ziel markieren soll, möglichst weit, um dann schnurstracks dorthin zu laufen.

Dabei behalten sie ihren Fokus und visualisieren ihre Ziele in den lebendigsten Farben. Sie lernen ständig Neues, um sich kontinuierlich zu verbessern.

Um Klarheit in dein Leben zu bringen, stelle dir selbst folgende Fragen: Habe ich eine berufliche und private Vision? Welche Ziele verfolge ich im Business? Was möchte ich in den nächsten Wochen, Monaten, Jahren erreichen? Welche Veränderungen möchte ich in meinem Leben vornehmen? Wie sieht mein ideales (Business-)Leben aus?

#Hack Antreiber: Kenne dein »Warum«

Eine weitere High-Performance-Strategie, mit der du als Frau Höchstleistung anstreben kannst, wenn sie gefordert wird, lautet: »Kenne deine Antreiber!«. Während das Ziel das Wohin beschreibt, beschreibt der Antreiber das Warum. Wenn du weißt, aus welchem Grund du deine Ziele erreichen möchtest, bleibst du beharrlich, selbst wenn Hindernisse auftauchen, und kannst dich in jeder Situation selbst motivieren. Stell dir gern einmal das Bild einer Löwenzahnblume und einer Orchidee vor. Der Löwenzahn ist eine widerstandsfähige Pflanze, die selbst auf dem härtesten Untergrund wächst, während die Orchidee bei der kleinsten Veränderung der Umgebung mickrig eingeht. Wenn du es schaffst, deine Motivation auch in schwierigen Zeiten aufrechtzuerhalten, wird es dir unter widrigen Umständen gelingen, das Allerbeste aus dir herauszuholen. Und damit wirst du mehr Löwenzahn als Orchidee. Der Löwenzahn ist vielleicht nicht die schönste Pflanze. Er schafft es aber, sich auch unter den schwierigsten Bedingungen erfolgreich zu vermehren.

Oft tun wir Dinge, weil wir sie schon immer so getan haben. Wir arbeiten in einem Job, weil wir das einmal gelernt oder studiert haben. Wir leben mit einem Partner, weil wir ihn einmal geheiratet haben. Wir nehmen jeden Tag denselben Weg, weil wir ihn kennen. Oft hinterfragen wir nicht, warum wir etwas tun und schon gar nicht, ob diese Sache unserer Leidenschaft entspricht oder unser Herz aufgeregt hüpfen lässt. Doch damit ist ab heute Schluss! Hinterfrage, was du tust, und vor allem warum du es tust! Was lässt dich morgens freudig aus dem Bett springen? Wann schlägt dein Herz höher, und was ist es, was dich von innen heraus zum Strahlen bringt? Trigger diese Gründe genau in Situationen, in denen du eigentlich gern das Handtuch werfen möchtest, denn das lässt deinen Motor weiterlaufen.

#Hack Kraft und Energie: Entfessele die Energiebombe

Doch allein mit einem Ziel und einem Motiv kommen wir noch lange nicht da an, wo wir hinwollen. Wir brauchen Kraft und Energie, und das ist eine meiner Lieblings-High-Performance-Tugenden, denn ich bin wie ein Duracell-Häschen mit Power-Akkus. Frauen, die täglich Großartiges leisten, setzen ihre Kräfte gezielt ein, um ihre Handlungen in Richtung ihrer Ziele zu lenken. Ohne ausreichend Kraft ist es schwierig, mit Fokus und Ausdauer etwas zu erreichen. Doch oft sind wir nicht nur eine Energiequelle für uns selbst, sondern auch für die Menschen in unserem Umfeld. Und viele Frauen in meinem Coaching glauben, Kraft und Energie habe man einfach. Mitnichten! Kraft und Energie generiert man jeden Tag, wie in einem Kraftwerk. Doch fahr bitte nicht erst zur Tankstelle, wenn das Warnlämpchen bereits aufblinkt oder du liegen geblieben bist. Sei eine Energiequelle für dich und andere!

Wenn das I nicht steht, kann der Punkt nicht drauf. Da wir Frauen viel Mehrarbeit auch für unsere Familie übernehmen, müssen wir unsere Selbstfürsorge verdoppeln und für uns selbst und andere eine Energiequelle sein. Stell dir gern täglich die Fragen: Bekomme ich ausreichend Schlaf? Ernähre ich mich gut? Sorge ich für tägliche Bewegung? Wie hoch ist der Konsum meiner Genussmittel? Gibt es etwas oder jemanden, das/der mir Kraft raubt? Wie kann ich meine Akkus wieder aufladen?

#Hack Produktivität:
Sei produktiv und halte den Fokus

Frauen, die jeden Tag viel leisten, wissen, dass Produktivität und Umsetzungsstärke entscheidende Eigenschaften sind, um Zielen näherzukommen. Meine sechsjährige Tochter bezeichnet mich manchmal liebevoll als Tintenfisch. Ich bräuchte in der Tat mehrere Arme, um viele Dinge gleichzeitig zu erledigen. Multitasking wird uns Frauen zwar oft lobend nachgesagt, ist jedoch ein absoluter Killer unserer mentalen Stärke. Es ist hilfreicher, wenn wir unsere Energie fokussiert für die Themen einsetzen, die für unsere Zielerreichung von essenzieller Bedeutung sind. Erfolgreiche Frauen planen ihren Tag sorgfältig und überlassen nichts dem Zufall. Indem du bewusst deine Zeit einteilst, Prioritäten setzt und dich auf das Wesentliche konzentrierst, kannst du deine Produktivität maximieren. Ich weiß, dass das in einem Alltag, in dem wir viele Anspruchsgruppen haben, manchmal schier unmöglich erscheint. Doch lass dich nicht von unwichtigen Aufgaben, To-do-Listen, die nur die Aufgaben von allen anderen, aber nicht von dir enthalten, oder von äußeren Einflüssen ablenken, sondern bleibe fokussiert auf das, was wirklich zählt.

Du wirst produktiver, wenn du deine Tagesziele klar definierst und deren Umsetzung planst. Dafür kannst du einen High-Performance-Planer nutzen, den du gern kostenlos als PDF von mir anfordern kannst (Mail an: hallo@kathrinleinweber.de). Frage dich, welche Ziele du heute weiter vorantreiben kannst und wann sie erledigt sein sollen. Blockiere feste Zeiten in deinem Kalender, in denen du dich ungestört deinen Aufgaben widmen kannst. Versuche, unnötige Ablenkungen zu minimieren, indem du beispielsweise Pausen von deinem Smartphone und den sozialen Medien einlegst. Und wichtig: Schreibe gern auch einmal eine Not-to-do-Liste mit all den Aktivitäten und Terminen, die du ab heute delegieren oder streichen wirst.

#Hack Emotionale Stabilität: Mache positive Gefühle zu deinen besten Freunden

Beim Thema »High Performance« geht es nicht nur um Produktivität, Fokus, Disziplin, Motivation und Umsetzungsstärke. Es geht auch um Engagement, Lebensfreude, Vertrauen und die Fähigkeit, ein breites Spektrum positiver Gefühle zu generieren und jederzeit in seine emotionale Stabilität zu finden. Frauen, die jeden Tag Spitzenleistung vollbringen (müssen), übernehmen die Verantwortung für ihre Emotionen, egal ob es Ängste, Zweifel oder Sorgen sind. Sie grenzen sich von der Negativität ihrer Mitmenschen und Kolleg:innen ab und vertrauen sich und ihren weiblichen Qualitäten. Vertrauen ist die stärkste und produktivste Emotion, die dich zum Handeln bringt. Wenn du Vertrauen in dich, deine Fähigkeiten und deine Ideen hast, hebst du deine Leistung auf ein neues Level. Versuche, positive Gefühle wie Vertrauen und Zuversicht zur Gewohnheit zu machen!

Welche Dinge hast du bisher aus Angst vermieden? Wo spürst du Sorgen, Nöte und belastende Emotionen? Lass dich nicht von diesen Gefühlen lähmen! Stell dich deinen negativen Emotionen! Oft wehren wir uns dagegen und wollen sie nicht fühlen. Wir tendieren auch dazu, die negativen Aspekte stärker zu betonen als die positiven. In solchen Momenten mache ich gerne einen Realitätscheck und frage mich: Was ist das Schlimmste, was passieren kann? Und kann ich mit absoluter Sicherheit sagen, dass es wirklich eintreten wird? Oft ist es wahrscheinlich, dass die Dinge, die wir befürchten, nicht so gravierend eintreten oder dass wir die Möglichkeit haben, sie in eine positive Richtung zu lenken.

#Hack Mut: Entfessele deine mutige Seite

In der heutigen Zeit benötigen viele von uns Frauen Mut, um ihre Ziele und Träume zu verwirklichen. Manchmal dürfen wir die Zehen aus dem viel zu kalten Wasser herausnehmen und komplett reinspringen. Wir Frauen brauchen Mut, um in Männerdomänen etwas zu tun, was Frauen bisher noch nicht getan haben, und Mut, um unsere Ängste zu überwinden und die Herausforderungen zu meistern, die sich in einem männlichen Business-Umfeld auftun. Frauen, die Spitzenleistungen erbringen, denken anders und handeln anders. Sie sind mutig genug, gegen den Strom zu schwimmen. Sie erheben ihre Stimme, auch wenn sie nicht wissen, wer ihnen zuhört. Sie haben den Mut, Nein zu sagen, obwohl von ihnen ein Ja erwartet wird. Sie gehen unbeirrt ihren eigenen Weg, auch wenn sie mit Vorurteilen konfrontiert werden. Oftmals inspirieren sie damit die Frauen in ihrer Umgebung, für sich selbst einzustehen und das Richtige zu tun.

Es ist Zeit für einen Mut-Ausbruch! Mut bedeutet nicht, dass du die Welt retten musst. Vielmehr geht es darum, herauszufinden, was es Mutiges in deinem Leben zu tun gibt und welchen nächsten mutigen Schritt du wagen könntest. Was hast du im Business aus Angst vor Ablehnung noch nicht gezeigt? Was hast du in deinem beruflichen und privaten Leben bisher vermieden zu tun, obwohl es dein Leben oder das Leben deiner Familie verbessern würde? Welcher Situation könntest du ins Auge sehen, die dich sonst eigentlich nervös werden lässt?

#Hack Einfluss: Sei ein Vorbild und begeistere deine Mitmenschen

Und die letzte wichtige High-Performance-Tugend liegt darin, Einfluss auszuüben. Frauen, die Spitzenleistungen erbringen, nutzen ihren Einfluss, um erfolgreich ihre Ziele zu erreichen. Das Geheimnis liegt darin, Einfluss respektvoll auszuüben, konstruktiv für eigene Ideen einzustehen und andere Menschen zu überzeugen und zu mobilisieren. Es geht dabei keineswegs um Macht oder Manipulation. Es geht darum, andere zu begeistern, zu inspirieren und mit Ideen vorwärtszugehen, die alle vorwärtsbringen. Indem du authentisch bleibst und deine Ideen auf eine konstruktive Weise einbringst, kannst du positiven Einfluss auf andere Menschen ausüben. Es geht darum, ein inspirierendes Vorbild für andere Frauen und auch männliche Kollegen zu sein und mit deinem Engagement gemeinsam erfolgreich zu sein. Versuche, die Menschen in deinem Umfeld für eine gute Sache zu mobilisieren. Dann erhältst du Rückenwind und begegnest Menschen, die dich unterstützen. Gemeinsam kann man immer mehr erreichen als allein. Trau dich, auf andere zuzugehen, denn auch in dir schlummert eine wahre Influencerin!

Wann hast du das letzte Mal einen Kollegen, eine Freundin oder deinen Partner für eine wichtige Sache gewonnen? Wenn du selbst mit Leidenschaft dabei bist, schaffst du es auch, andere dafür zu begeistern. Natürlich kannst du über ganz verschiedene Taktiken Wirkung erzielen. Denk gern immer daran, dem Ganzen eine emotionale Note zu verleihen: Denn oft erinnern sich die Menschen nicht genau daran, was jemand gesagt hat, sondern wie sie sich dabei gefühlt haben.

Innere Powerfrau entfesseln: So erreichst du Höchstleistung

Und zum Schluss noch ein wichtiger Hinweis, liebe Damen: Es geht nicht darum, als Frau noch mehr zu leisten. Wir haben schließlich nachgewiesen, dass wir schon genug tun. Manchmal fühlt es sich an, als ob wir im Hamsterrad immer schneller laufen sollen, während wir versuchen, eine To-do-Liste zu bewältigen, die länger ist als der Amazonas. Liebe Ladys, es ist völlig legitim und gesund, um Hilfe zu bitten und Aufgaben zu delegieren, wenn nötig. Wir sollten uns jedoch bewusst sein, dass wir uns nicht nur im beruflichen Kontext, sondern auch in vielen anderen Situationen des täglichen Lebens befinden, in denen Höchstleistung von uns erwartet wird. Die vorgestellten Strategien sind darauf ausgerichtet, dir dabei zu helfen, diese Anforderungen mit Leichtigkeit zu bewältigen. Sie sind für mich und viele meiner Coachees eine Geheimwaffe, um dem Wahnsinn des »Höhe, schneller, weiter! Eins, zwei, drei: Rein ins Ziel!« mit einem Augenzwinkern zu begegnen. Sie helfen uns, mit Leichtigkeit unsere Bestleistung zu beflügeln, ohne dabei unser Lachen zu verlieren. Denn wer will schon Falten vom Stress bekommen? Lachfältchen sind doch so viel schöner!

»Um in einer Männerdomäne Anerkennung zu bekommen, muss Frau definitiv mehr leisten. Gleiche Leistung wird oft nicht gleich honoriert. Du stichst nur heraus, wenn du wirklich Überdurchschnittliches leistest.«

JENNY

Die Fleißlüge: Warum die Fleißigen nicht immer die Erfolgreichen sind

Hand aufs Herz, liebe Leserin, bist du ein fleißiges Bienchen, das unermüdlich von einer Aufgabe zur nächsten fliegt und hofft, dass dich deine harte Arbeit karrieretechnisch erfolgreich macht oder gar direkt auf den Chefsessel katapultiert? Hast du dich jemals gefragt, ob das Sammeln von Fleißkärtchen der Schlüssel zum beruflichen Aufstieg ist? Vielleicht hatte der CEO deines Unternehmens auch andere Strategien und Tricks im Ärmel, um dorthin zu gelangen, wo er jetzt ist. Nun, es ist Zeit, diese Frage zu klären und den mythologischen Status der Fleißbienchen im Karrierewunderland zu untersuchen.

Wir stehen vor einem großen Dilemma: Frauen müssen oft noch härter arbeiten, um Anerkennung für ihre Leistungen zu erhalten. Wir müssen uns mit Stereotypen, Vorurteilen und ungleichen Karrierechancen auseinandersetzen. Es ist nicht selten, dass wir Frauen unsere Leistungen kontinuierlich übertreffen müssen, um die gleiche Anerkennung und Aufstiegschancen wie unsere männlichen Kollegen zu erhalten. Und jetzt kommt ein großes Aber: Ein weit verbreiteter Mythos besagt, dass Fleiß allein ausreicht, um erfolgreich zu sein. Die Vorstellung, dass harte Arbeit und Ausdauer ausreichen, um Ziele zu erreichen, ist in unserer Gesellschaft tief verwurzelt. Diese Annahme, die als Fleißlüge bezeichnet wird, stellt jedoch eine Vereinfachung dar und blendet andere entscheidende Faktoren aus, die eine wichtige Rolle für den Erfolg spielen.

»Frauen sollten selbstbewusst auftreten und zeigen, dass sie ihre Position nicht geschenkt bekommen haben. In männerdominierten Branchen müssen sie mehr leisten und sich den Respekt zu erarbeiten.«

STEFANIE

Doch sollen wir nun einfach faul sein? Sofa, Netflix, Tüte Chips und Füße hochlegen? Auch wenn ein Ja auf diese Frage sicherlich die eine oder andere von uns immens freuen würde, lautet die Antwort: Mitnichten! Es ist wichtig anzuerkennen, dass Fleiß und Leistung zweifellos wichtige Elemente für den Erfolg sind. Es ist jedoch Welpen-naiv zu glauben, dass allein durch harte Arbeit und Leistung jeder automatisch erfolgreich wird. Erfolg erfordert ein ausgewogenes Zusammenspiel verschiedener Faktoren, die über bloßen Fleiß hinausgehen. Es gibt weitere Aspekte, die ebenfalls eine entscheidende Rolle spielen und den Unterschied zwischen Erfolg und Misserfolg ausmachen können. Dazu gehören deine Sichtbarkeit, deine Netzwerke und Beziehungen, deine Mentoren, strategisches und politisches Geschick sowie Serendipität und glückliche Zufälle.

Um erfolgreich zu sein, ist es wichtig, dass deine eigene Leistung von anderen wahrgenommen wird. Sichtbarkeit spielt eine entscheidende Rolle, um Chancen zu erhalten und Anerkennung zu finden. Dies bedeutet, dass du dich aktiv in deinem beruflichen Umfeld präsentieren solltest. Es ist also Showtime, liebe Ladys. Tut Gutes und redet darüber! Häufig, viel und an der richtigen Stelle! Es ist durchaus legitim, stolz auf das zu sein, was du erreicht hast, und dies auch anderen gegenüber zum Ausdruck zu bringen. Eine gesunde Portion Selbstbewusstsein ist wichtig, um deine Expertise und deine Fähigkeiten hervorzuheben. Indem du von deinen Erfolgen sprichst, kannst du das Interesse und die Aufmerksamkeit anderer auf dich lenken. Doch dürfen wir denn im Selbstmarketing auch übertreiben? Und ob! Obwohl die gängige Literatur dazu rät, keine übertriebenen Behauptungen aufzustellen oder sich selbst zu überschätzen, behaupte ich hier das Gegenteil. Natürlich sollte ein

Selbstmarketing auf Ehrlichkeit und Authentizität basieren. Du darfst allerding große schöne Bilder malen, deine Leistung sehr facettenreich aufführen, auch zu Wiederholungen neigen. Es geht darum, deine Stärken zu betonen und zu zeigen, wie du einen Mehrwert für dein Team oder Unternehmen schaffst. Da wir Frauen – und das beobachte ich in vielen meiner Coachings – eher dazu neigen, uns zu unterschätzen, können wir unsere Leistung genau im richtigen Maß darstellen, wenn wir auch mal auf »dicke Hose« machen, auch wenn wir keine Hosen tragen (siehe S. 188 ff.). Die Treppe wird von oben gekehrt. Und da, liebe Damen, dürfen wir uns gern bei den Herren der Schöpfung etwas abschauen.

Auch ein starkes Netzwerk und deine Beziehungen können den Zugang zu Ressourcen, Informationen und Karrieremöglichkeiten erleichtern. Sie ermöglichen den Austausch mit Kolleg:innen, die ähnliche Interessen und Ziele haben, und bieten die Möglichkeit, von anderen zu lernen. Auch der Austausch von Wissen und Erfahrungen, neue Chancen sowie die Möglichkeit, von anderen zu lernen, gehören zu den Vorteilen von Netzwerken. Indem du dein Netzwerk pflegst oder gern auch ein Netzwerk in deinem Unternehmen auf- und ausbaust, kannst du wichtige Beziehungen knüpfen, die deinen Kolleg:innen und dir auf deinem beruflichen Weg helfen. Also nutze die Gelegenheiten zum Netzwerken, sei es auf Branchenveranstaltungen, Konferenzen oder internen Veranstaltungen in deinem Unternehmen! Du wirst feststellen, dass es eine Investition ist, die sich langfristig auszahlt. Durch Netzwerke kannst du auch potenzielle Mentor:innen finden, die über viel Erfahrung und Wissen verfügen und neben wertvollen Impulsen auch Türen öffnen können, die vielleicht sonst verschlossen bleiben würden. Mentoren gelten oft als Role Models, die ihre Expertise gerne mit dir teilen. Hast du die Möglichkeit, ein Mentorenprogramm in deinem Unternehmen zu nutzen, nimm es auf jeden Fall in Anspruch.

In der Geschäftswelt spielt politisches und strategisches Kalkül eine entscheidende Rolle beim Erreichen von Erfolg. Es geht dabei darum, Machtstrukturen zu verstehen und die eigenen Ziele geschickt zu verfolgen. Politisches und strategisches Geschick kann den Unterschied zwischen Durchschnitt und Außergewöhnlichem ausmachen und ermöglicht es, in einer wettbewerbsorientierten Umgebung erfolgreich zu sein. Eine wichtige Fähigkeit besteht darin, sich bewusst zu sein, wie Entscheidungen getroffen werden und wie Einfluss genommen werden kann. Es erfordert das Verständnis der Hierarchien und Dynamiken innerhalb deines Unternehmens. Indem du auch die informellen Kanäle kennst und weißt, wer die wirklichen Entscheidungsträger sind, kannst du strategisch vorgehen und deine Ziele effektiver verfolgen. Dafür darfst du die Interessen der verschiedenen Stakeholder berücksichtigen. Denn politisches Geschick bedeutet, die Bedürfnisse und Motivationen anderer zu erkennen und in der Lage zu sein, Win-win-Lösungen zu finden, die den Bedürfnissen aller Beteiligten gerecht werden, um gemeinsame Ziele zu erreichen. Darüber hinaus erfordert politisches und strategisches Geschick die Fähigkeit, Informationen zu nutzen und taktisch einzusetzen. Es bedeutet, die richtigen Informationen zur richtigen Zeit zu haben und sie geschickt zu präsentieren, um Einfluss zu nehmen. Dies kann beispielsweise durch das Erstellen überzeugender Argumente, das Identifizieren von Trends oder das Erkennen von Chancen zur Positionierung geschehen. Wie auch bei der High-Performance-Tugend »Einfluss ausüben« geht es nicht darum, mit unethischem oder manipulativem Verhalten zu agieren, zu täuschen oder andere auszunutzen, sondern Kollegen auf verantwortungsvolle Weise zu begeistern, zu inspirieren und mit Ideen voranzugehen, die für alle wertvoll sind.

> *»Es ist so wichtig, dass Frauen mutig sind und sich auch auf Positionen bewerben, wenn sie nicht alle Kriterien zu 100 Prozent erfüllen.«*
> ELENA

Doch manchmal kann es auch sein, dass Frau einfach zur rechten Zeit am rechten Ort ist. Oftmals hängt der Erfolg von zufälligen Begegnungen, Gelegenheiten und Glücksfällen ab. Serendipität – auf Englisch »serendipity« – beschreibt die Chancen, die sich ergeben, wenn ein konkreter Plan auf puren Zufall trifft. Sie bezeichnet das unerwartete Entdecken von etwas Wertvollem oder das Finden von Chancen, die nicht gezielt gesucht wurden, die aber ein Problem oder eine Situation auf überraschende Weise lösen. Manchmal führt ein Zufallstreffer zu neuen Möglichkeiten oder bringt einen auf einen völlig neuen Karriereweg. Doch wie kannst du diese Möglichkeit für dich nutzen, wenn hier doch die Statistik den entscheidenden Unterschied macht? Ganz einfach: Erfolgreiche Menschen sind offen für Veränderungen und nehmen Chancen wahr, wenn sie sich bieten. Die Fähigkeit, scheinbar zufällige Ereignisse zu erkennen und zu nutzen, erfordert Offenheit, Neugier und eine gewisse Risikobereitschaft. Es bedeutet, sich auf neue Situationen einzulassen, auch wenn sie außerhalb der eigenen Komfortzone liegen. Indem du dich für unerwartete Möglichkeiten öffnest und bereit bist, neue Wege zu gehen, erweiterst du deine Perspektiven, erhöhst die Chancen auf Erfolg und wirst ganz unbewusst auf eben solche Ereignisse treffen. Lass dich nicht entmutigen, wenn nicht alles nach Plan läuft. Manchmal sind es die glücklichen Zufälle, die den entscheidenden Unterschied machen.

Also Mädels, lasst uns zeigen, dass wir leistungsstark sind, ohne uns ständig im Hamsterrad zu drehen! Seid strategisch, sichtbar und vernetzt! Nutzt euren Verstand und euer Geschick, um euren Erfolg zu unterstützen! Und seid ruhig offen für glückliche Zufälle und kleine Wunder! Denn manchmal sind es genau diese überraschenden Momente, die uns in ungeahnte Höhen katapultieren. Auf dem Weg zum Erfolg braucht es eine Prise von allem. Und wer weiß, vielleicht findest du dich eines Tages auf dem Chefsessel wieder, doch dieses Mal als Königsbiene unter den Fleißbienchen.

Die Dornröschen-Illusion:
Wie Frauen ihren eigenen Erfolg sabotieren

»Um erfolgreich durchzustarten, braucht es mitunter nur die richtigen Fehler.«

Völlig aufgelöst sitzt sie vor mir, Claudia, eine Frau, die nun regelmäßig in meine Beratung kommt. Ihre Augen sind gerötet und die Enttäuschung spiegelt sich deutlich in ihrem Gesicht wider. Als sie anfängt zu erzählen, kann ich den Frust und die Verletzung förmlich spüren. Claudia hatte unermüdlich an einem großen Projekt mitgearbeitet, Tag für Tag. Sie hatte ihrem Kollegen den Rücken freigehalten, Aufgaben übernommen, wo es nur ging, und gehofft, dass er erkennen würde, was sie alles Gute für das Projekt getan hatte. In den Wochen und Monaten, die vergangen waren, hatte sie ihre eigenen Bedürfnisse hintangestellt und hart gearbeitet, um sicherzustellen, dass das Projekt erfolgreich wird. Doch dann kam der Tag der Präsentation. Claudia sah gespannt ihrem Kollegen zu, wie er die Projektergebnisse vorstellte. Sie erwartete eine Erwähnung ihrer Bemühungen und ein Dankeschön. Stattdessen sprach er über das Projekt, als hätte er es allein gewuppt. Keine Wertschätzung, kein Lob, keine Anerkennung für Claudias Beitrag. Die Reaktion der anderen Teammitglieder machte die Situation noch schlimmer. Sie jubelten und applaudierten, während Claudia sich hilflos in der Menge verloren fühlte. Sie konnte es nicht fassen, wie leicht ihre eigenen Leistungen einfach übergangen wurden. Warum hatte ihr

Kollege denn nicht bemerkt, was sie alles getan und wie viele Projektmeilensteine sie erfolgreich übernommen hatte? Es war genau dieser Zeitpunkt, an dem sie beschloss, sich professionelle Hilfe zu suchen und in meine Beratung zu kommen. In unseren Sitzungen lösten wir das Thema schnell auf. Claudia war in eine echte Falle getappt, in die viele Frauen tappen: Die Dornröschen-Falle.

Es ist ein Phänomen, das viele Frauen in Männerbranchen betrifft, aber selten offen angesprochen wird: die Selbstsabotage des eigenen Erfolgs. Ja, es ist fast schon eine Kunst, wie wir Frauen es schaffen, uns selbst im Weg zu stehen und uns daran zu hindern, vorwärtszukommen. Wir haben eine wahre Meisterleistung vollbracht und eine lange Liste von Grausamkeiten erstellt, die uns von unserem eigenen Erfolg abhalten. Doch liebe Erfolgs-Saboteurinnen, es ist an der Zeit, die Gemeinheiten, die wir uns oft ganz unbewusst antun, loszulassen. Denn am Ende des Tages sind wir es, die den Schlüssel zu unserem Erfolg selbst in der Hand halten, ganz gleich, mit wie vielen Männern wir im Business zusammenarbeiten. Eine kleine und liebevoll gemeinte Warnung, wenn du die nächsten Seiten liest: Es wird grausam, es wird gemein, es wird dich vielleicht zu Tränen rühren – aber manchmal muss es weh tun, damit wir wirklich etwas ändern. Taschentücher bereit? Los geht's!

Die Dornröschen-Falle:
Warum Männer manchmal blind sind

Ein weit verbreitetes Märchenmotiv hat sich in die Realität geschlichen und manifestiert sich in der Dornröschen-Falle, die gerade in Branchen, die traditionell von Männern dominiert werden, bei uns Frauen immer wieder zuschnappt. Vielleicht kennst du das Märchen von Dornröschen noch aus deiner Kindheit: Eine junge Prinzessin, die in einen tiefen Schlaf fällt, wartet darauf, von einem Prinzen wachgeküsst zu werden. In der modernen Gesellschaft haben sich viele Frauen in die Rolle von Dornröschen begeben. Sie halten sich im Hintergrund und hoffen darauf, dass jemand sie bemerkt und ihre Talente und Stärken erkennt. Sie warten darauf, dass jemand kommt und ihre Träume verwirklicht oder ihre Probleme löst, ohne selbst aktiv zu werden oder ihre Stimme zu erheben.

Dieses Konzept der Passivität und des Wartens ist auch im Business zuhause. Frauen warten darauf, dass ihre Leistung anerkannt wird. Sie hoffen still und leise, dass entdeckt wird, wie wertvoll sie sind. Sie wünschen sich insgeheim, dass ihnen Lob, Anerkennung und Wertschätzung zuteilwird. Dafür tun sie jede Menge: Sie engagieren sich in Projekten, unterstützen Kollegen, arbeiten viele Dinge vom Tisch, machen zahlreiche Überstunden. Doch sie vergessen einen entscheidenden Faktor: Sie machen ihre Leistung nicht sichtbar.

Die Ironie besteht jedoch darin, dass Männer oft »blind« für stille Signale sind. Doch sind Männer eigentlich dafür verantwortlich, unsere Leistung sichtbar zu machen? Wohl kaum! Es ist an der Zeit, dass Frauen selbst sichtbar werden und aktiv an ihrer eigenen Entwicklung arbeiten. Wir dürfen unsere Talente, Fähigkeiten und Ziele selbstbewusst präsentieren und nicht darauf warten, dass jemand anders sie entdeckt.

Was hätte Dornröschen gemacht, wenn der Prinz sie nicht gefunden und wachgeküsst hätte? Wäre sie vielleicht irgendwann selbst aus ihrem Schönheitsschlaf erwacht und hätte festgestellt, dass sie vergeblich gewartet hat? Wäre sie einfach aufgestanden, hätte sich einen starken Espresso gekocht, um in die Welt hinauszumarschieren? Oder hätte sie stattdessen die Fee der Selbstbestimmung gerufen und nach einem Plan B gefragt?

Tipps: Für Frauen, die in der Dornröschenfalle sitzen

Hören wir auf, uns Märchen zu erzählen! Es ist an der Zeit, dass du selbstbewusst auf den Tisch klopfst und sagst: »Hey, ich bin hier und ich habe etwas Wertvolles beizutragen!«

- **Hilfe, ich schlafe!** Bewusstsein ist der erste Schritt zur Veränderung. Oftmals beobachte ich, dass Frauen nicht nur im Business, sondern auch im Privatleben in die Dornröschenfalle tappen. Sie tun alles, um als liebe Tochter, tolle Ehefrau oder gute Freundin gesehen zu werden. Indem du dir bewusst wirst, dass du in die »Dornröschen-Falle« getappt bist, kannst du aktiv daran arbeiten, in die Eigenverantwortung zu gehen, deine Leistung sichtbar zu machen und dein Business-Leben selbst in die Hand zu nehmen. Spür einfach mal in dich hinein, was die Vorstellung mit dir macht, selbst in Aktion zu treten. Macht es dir Angst? Hast du darin (noch) keine Erfahrung? Willst du vielleicht sogar lieber unsichtbar bleiben? Schreib gerne alles auf, was dich bewegt, denn das klärt deinen Verstand.

- **Spieglein, Spieglein an der Wand,** wer ist die Schönste im ganzen Land? Du bist es, natürlich! Übernimm die Verantwortung, deine eigenen Leistungen selbst anzuerkennen. Was hast du in letzter Zeit alles erreicht? Welche Erfolge hast du geschafft? Welche Stärken haben dir geholfen? Welche Herausforderungen hast du gemeistert? Was durftest du lernen? Schreib dies gern in eine Art Erfolgstagebuch. Du wirst sehen: Mit jeder Seite, die sich füllt, wächst auch dein Selbstvertrauen.

- **Let's get loud!** Indem wir unsere Stimme erheben und klar kommunizieren, können wir aus der Dornröschen-Falle ein für alle Mal ausbrechen, unsere Leistung sichtbar und uns selbst bekannter machen. Teile deine Erfolge und Errungenschaften mit deinen Kollegen, sei es in beruflichen oder persönlichen Bereichen. Nutze soziale Medien, Networking-Veranstaltungen oder andere Plattformen, um deine Fähigkeiten und Talente zu präsentieren. Sei stolz auf das, was du erreicht hast und lass andere daran teilhaben. Starke Frauen und Männer werden für dich applaudieren, das kann ich dir versprechen.

- **Willst du mitspielen?** Du hast von einem neuen spannenden Projekt gehört? Dein Team braucht Hilfe bei einer Aufgabe, die du gern einmal übernehmen möchtest? Warte nicht darauf, dass andere dich entdecken und fragen, ob du mitmachen möchtest. Sei proaktiv und nimm an Projekten und Gelegenheiten teil, die dein Interesse wecken. Biete deine Hilfe an, stelle Fragen und bringe deine Ideen ein. Zeig, dass du eine wertvolle Kraft bist, die aktiv zum Erfolg im männlichen Team beitragen kann.

Indem du selbst die Initiative ergreifst, setzt du ein Zeichen. Du wirst für deine Kollegen und Vorgesetzten nicht nur sichtbarer, sondern wirkst auch kompetenter und stärker. Genau nach dem Motto: Hey, die traut sich das zu!

Wir Frauen müssen nicht länger darauf warten, dass ein Prinz uns erlöst. Wir können selbst die Hauptrolle in unserem eigenen Märchen spielen. Ob es darum geht, beruflich erfolgreich zu sein, kreative Projekte zu verwirklichen oder persönliche Ziele zu erreichen: Wir Frauen haben die Macht, unsere Träume zu verwirklichen und unser eigenes Schloss zu bauen. Also, liebe Dornröschen da draußen, nehmt den königlichen Zauberstab in die Hand, richtet euer Krönchen und gestaltet euer eigenes Happy End. Und lasst uns mit einem sanften Kuss lieber unsere Muse und unser Selbstbewusstsein aufwecken, als auf den Prinzen zu warten!

Im Supermarkt des schlechten Gewissens: Gesellschaftliche Erwartungen im Einkaufswagen

Ein schlechtes Gewissen kann eine belastende Emotion sein, die unsere Lebensqualität beeinträchtigt. Das schlechte Gewissen ist vielen Menschen bekannt. Doch scheint es, als hätten Frauen häufiger mit diesem Gefühl zu kämpfen als Männer. Dieses Phänomen ist Gegenstand einiger Forschungsstudien. Es wurde u. a. bewiesen, dass Frauen häufiger an Schuldgefühlen leiden als Männer, insbesondere Schuldgefühlen, die aus der Übernahme von Verantwortung resultieren.[33] Doch welche Gründe könnte es haben, dass wir Frauen häufiger ein schlechtes Gewissen haben?

Stell dir vor, du bist in einem Supermarkt und siehst ein Regal voller gesellschaftlicher Erwartungen. Du nimmst ein Päckchen »Fürsorglichkeit« und wirfst es in deinen Einkaufswagen. Dann schnappst du dir eine Flasche »Aufopferung« und legst sie dazu. Daneben steht ein Becher »Empathie«. Auch den nimmst du mit. Als du weitergehst, siehst du eine Packung auf der steht: »Sei perfekt und vergiss dich selbst!« Auch davon legst du großzügig zwei

Stück in den Einkaufswagen. An der Kasse angekommen schaust du in den Wagen und sagst dir: »Das reicht doch nie und nimmer aus. Ich habe mal wieder zu wenig eingekauft. Schnell noch einmal zurück«.

> »Wir neigen als Frau dazu, immer zu kritisch mit uns zu sein. Ich würde jeder Frau empfehlen, lass locker und sei nicht so selbstkritisch. Wenn du heute auf deine Arbeit schaust und sagst, die ist gut so, dann ist die wahrscheinlich sowieso schon bei 120 Prozent.«
>
> DORIS

Ein wichtiger Aspekt sind die sozialen Erwartungen und kulturellen Normen, die Frauen seit Langem beeinflussen. Frauen haben häufiger Schuldgefühle, die mit ihrer Verantwortung für Familienmitglieder, Kinder und andere wichtige Personen zusammenhängen. Studien zeigen, dass Frauen in Deutschland im Durchschnitt etwa 52 % mehr Zeit pro Tag für unbezahlte Sorgearbeit aufwenden als Männer.[34] Dies ist u. a. auch ein Hauptgrund, warum ein Großteil der Frauen keine Führungspositionen übernehmen wollen. In einer Studie von McKinsey gaben 42 % der befragten Frauen an, dass sie keine Führung anstreben, weil sie Familie und Arbeit nicht in Einklang miteinander bringen könnten.[35] Wird so dem schlechten Gewissen schon vorgebeugt? Indem wir Frauen schon gar nicht erst die Karriereleiter hochklettern wollen? Fest steht: Alle zusätzlichen Verantwortlichkeiten außerhalb des Business können für uns Frauen zu einem Gefühl der Überlastung und des Versagens führen, wenn Erwartungen nicht erfüllt werden können. Das schlechte Gewissen kann sich dann als Reaktion auf die wahrgenommene Unzulänglichkeit entwickeln.

> »Viele Frauen entschuldigen sich viel zu oft und trauen sich nicht, stolz auf ihre Leistungen zu sein. Sie wollen sich nicht in den Vordergrund stellen.«
>
> JENNY

Ein weiterer Faktor, der das schlechte Gewissen bei Frauen anheizt, sind die bestehenden doppelten Standards. Frauen sehen sich oft mit widersprüchlichen Erwartungen konfrontiert. Sie sollen einerseits erfolgreich im Beruf sein, aber andererseits auch eine gute Mutter, Ehefrau, Freundin, Geliebte und Tochter sein. Du kannst als Frau alles sein und leben. Doch diese Rollen werden von vielen meiner Coachees als unvereinbar wahrgenommen, was zu einem Gefühl der Unzulänglichkeit führen kann. Männer hingegen könnten in ähnlichen Situationen weniger mit Schuldgefühlen konfrontiert werden, da die gesellschaftlichen Erwartungen bisher weit weniger stark und vielfältig waren.

Tipps: Für Frauen, die oft ein schlechtes Gewissen plagt

Doch wie kann ich ein schlechtes Gewissen auflösen oder wie entsteht am besten gleich gar keins?

- **Warum?** Eine bewusste Selbstreflexion kann helfen, die Ursachen des schlechten Gewissens zu identifizieren. Nimm dir Zeit, die Gründe für dein schlechtes Gewissen zu identifizieren. Frage dich selbst, ob die Schuldgefühle berechtigt sind, ob sie möglicherweise auf unrealistischen Erwartungen oder übermäßigem Perfektionismus beruhen oder ob du zu hart mit dir selbst ins Gericht gehst. Ehrliche und objektive Selbstbewertung kann helfen, ein realistischeres Bild von dir selbst zu bekommen und unnötige Schuldgefühle abzubauen.
- **Die Magie der Vergebung:** Gewissensbisse können oft aus vergangenen Fehlern oder schlechten Entscheidungen resultieren. Es ist wichtig, dir selbst zu vergeben und aus diesen Erfahrungen zu lernen, anstatt dich immer wieder schuldig zu fühlen. Akzeptiere, dass jeder Fehler Teil unseres Lernprozesses ist. F-E-H-L-E-R sind – wenn du die Buchstaben umdrehst – ganz wunderbare H-E-L-F-E-R.

- **Bleib realistisch, erwarte Wunder!** Setze realistische Erwartungen an dich selbst. Niemand ist perfekt, und es ist normal, dass nicht immer alles glattläuft. Akzeptiere deine eigenen Grenzen und feiere auch kleine Fortschritte und Wunder. Gib dir selbst die Erlaubnis, menschlich zu sein, und lass das schlechte Gewissen los.
- **Ohne mich!** Oftmals fühlen wir uns schuldig, weil wir das Gefühl haben, nicht genug getan zu haben oder nicht allen Erwartungen gerecht zu werden. Konzentriere dich auf das Wesentliche und erkenne an, dass es in Ordnung ist, Nein zu sagen und dich selbst an erste Stelle zu setzen. Ein Nein zu einem Projekt oder einer Person ist immer auch ein Ja zu dir. Es ist nicht immer möglich, alles für jeden zu tun. Indem du deine eigenen Bedürfnisse und Grenzen respektierst, reduzierst du den Druck, den du auf dich selbst ausübst und verhinderst, dass sich ein schlechtes Gewissen entwickelt.

Das positive Gegenstück zum schlechten Gewissen ist das gute Gewissen. Wenn wir ein gutes Gewissen haben, fühlen wir uns zufrieden, stolz und im Einklang mit unseren Werten und Handlungen. Es ist ein Gefühl der inneren Ruhe und Gewissheit, dass wir das Richtige getan haben. Mit einem guten Gewissen können wir selbstbewusst durchs Leben gehen, ohne von Zweifeln und Schuldgefühlen geplagt zu werden. Es erlaubt uns, uns selbst zu akzeptieren und uns auf unsere Erfolge zu konzentrieren, anstatt uns ständig mit unseren vermeintlichen Fehlern zu beschäftigen. Ladys, lasst uns den Supermarkt des schlechten Gewissens schnurstracks verlassen. Wir brauchen keinen emotionalen Ballast, wenn wir jeden Tag versuchen, unser Bestes zu geben.

> *»Frauen sollten zeigen, dass sie in dieser männerdominierten Welt ihren Platz hart erarbeitet haben und ihn mehr als verdienen.«*
> STEFANIE

Selbstzweifel ade: Du bist mehr als genug

Es ist ein weit verbreitetes Phänomen, das viele Frauen betrifft: das Gefühl, nicht gut genug zu sein. Egal ob im beruflichen Umfeld, in Beziehungen oder im eigenen Selbstbild: Frauen haben oft mit Selbstzweifeln zu kämpfen. Sie vergleichen sich mit anderen und fühlen sich dabei unterlegen. Besonders der Vergleich mit männlichen Kollegen kann zu einer großen Belastung werden. In vielen Branchen sind Männer nicht nur in Führungspositionen überrepräsentiert, was zu einer männlich dominierten Arbeitskultur führt. Oftmals stellen männliche Kollegen ihre Leistungen gerne zur Schau und geben mit ihren Erfolgen an. Sie präsentieren sich selbstbewusst, dominierend und manchmal sogar auf eine überhebliche Art und Weise. Dies kann bei Frauen zu einem Gefühl der Qual führen, da sie sich unterlegen und unsicher in Bezug auf ihre eigenen Fähigkeiten fühlen. In einer Studie der GFK gab jede fünfte Frau an, dass an ihr ständige Selbstzweifel nagen und sie sich fürchtet, in irgendeinem Bereich zu versagen. Von den Männern sagt dies nur jeder Siebte.[36]

Selbst die erfolgreichsten Frauen bleiben nicht davon verschont. Laut einer Untersuchung von KPMG geben 75 % der weiblichen Führungskräfte aus verschiedenen Branchen zu, während ihrer beruflichen Laufbahn schon einmal unter dem sogenannten Imposter-Syndrom gelitten zu haben. Das Imposter-Syndrom ist ein psychologisches Phänomen, bei dem Menschen kontinuierlich an ihren Fähigkeiten zweifeln und die ständige Angst haben, dass ihre Leistungen und Erfolge nur auf Glück oder Zufall beruhen, anstatt auf ihrem eigenen Können. Dieses Syndrom ist durch ein anhaltendes Gefühl der Unsicherheit gekennzeichnet, das sie daran zweifeln lässt, ob sie für ihre Position ausreichend qualifiziert sind. Trotz ihres akademischen Hintergrunds, ihrer Zertifizierungen und ihrer Fortbildungen fällt es Frauen, die das Gefühl haben, nie gut genug zu sein, schwer, ein positives Selbstwertgefühl zu entwickeln. Diese Frauen neigen dazu, dies zu kompensieren, indem sie übermäßig lange arbeiten, um sich selbst zu beweisen. Sie haben möglicherweise Angst, Fragen zu stellen oder um Hilfe zu bitten, und zögern auch oft, ihre Meinung zu äußern oder nach anspruchsvollen Aufgaben zu fragen. Zusätzlich leiden sie häufiger unter Ängsten, Stress und Burnout und investieren mehr Zeit in die Bewältigung schwieriger Projekte. Interessant ist, dass sich negative Selbstgespräche und das Bullshit-Bingo in unserem Kopf negativ auf unsere Leistungsfähigkeit auswirken, Ladys!

Doch warum treffen Selbstzweifel häufiger Frauen als Männer? 74 % der weiblichen Führungskräfte sind der Meinung, dass ihre männlichen Kollegen nicht so stark von Selbstzweifeln geplagt werden wie weibliche Führungskräfte. 81 % glauben, dass Frauen sich selbst mehr Druck machen, um nicht zu versagen.[32] Und dafür gibt es viele Gründe: Ein wesentlicher Faktor ist der gesellschaftliche Druck, der auf ihnen lastet. Frauen werden oft mit unrealistischen Schönheitsidealen, Rollenerwartungen und Erfolgsmaßstäben konfrontiert. Sie sollen liebevolle Mütter, perfekte Ehefrauen, toughe Karrierefrauen, verführerische Geliebte, tolle Töchter und vieles mehr sein und dabei am besten noch superschlanke Idealmaße haben. Dieser Druck führt dazu, dass Frauen dazu neigen, ihre eigenen Bedürfnisse zu vernachlässigen und sich permanent mit anderen – so auch ihren männlichen Kollegen – zu vergleichen. Dabei sehen sie oft nur die vermeintlichen Erfolge und Stärken ihrer männlichen Kollegen und übersehen ihre eigenen Errungenschaften. Doch es ist wichtig zu erkennen, dass jeder seinen eigenen Weg geht und dass es keine richtige oder falsche Definition von Erfolg gibt. Jeder hat individuelle Stärken und Talente, die es anzuerkennen gilt.

> »Wir haben ein Prozent Stärke, und wenn du es schaffst, aus diesem einen Prozent zehn Prozent zu machen, dann bist du wirklich unschlagbar. Wenn du dein Leben damit verbringst, 99 Prozent Schwäche zu verbessern, wirst du einfach nie fertig.«
> SABRINA

Die größte Kritikerin einer Frau ist oft sie selbst. Die innere Kritikerin flüstert negative Gedanken und Zweifel in ihr Ohr. »Du bist nicht gut genug«, »Du kannst das nicht schaffen« oder »Andere sind viel erfolgreicher als du« sind nur einige Sätze, die unsere liebreizende Souffleuse draufhat. Doch es ist an der Zeit, negativen Glaubenssätzen den Kampf anzusagen und die eigene Stärke und Einzigartigkeit anzuerkennen.

Tipps: Für Frauen, die unter Selbstzweifeln leiden

Was kannst du tun, wenn du oft das Gefühl hast, nicht gut genug zu sein?

- **Die rosarote Brille:** Stimmt dein Selbstbild mit einem Fremdbild überein? Fordere Feedback dazu von vertrauten Personen ein. Hinterfrage kritische Gedanken und negative Überzeugungen, die dich davon abhalten, an dich selbst zu glauben. Frage dich, ob diese Gedanken objektiv begründet sind oder ob sie eher auf Ängsten oder gesellschaftlichen Erwartungen basieren. Versuche, realistischere und positivere Perspektiven einzunehmen.
- **Ich kann das, oder?** Reflektiere bewusst, welche Erfolge du bereits in deinem Leben erzielt hast, sei es in der Schule, im Beruf oder in persönlichen Beziehungen. Erstelle eine Liste deiner Stärken, Fähigkeiten und bisherigen Errungenschaften. Das Erinnern an deine eigenen Erfolge kann dein Selbstvertrauen stärken und dir zeigen, dass du bereits viel erreicht hast.
- **Besser als du?** Konzentriere dich nicht darauf, dich ständig mit anderen zu vergleichen. Jeder hat seine eigenen Stärken, Schwächen und Lebenswege. Akzeptiere, dass du einzigartig bist. Fokussiere dich darauf, dich selbst zu verbessern und deine persönlichen Ziele zu erreichen. Wenn du den Vergleich wagst, dann vergleiche dich gern mit dir selbst, beispielsweise: Wo stand ich vor drei Jahren und wo stehe ich heute?

3.
Knifflige Business-Dynamik:
Von Rivalität und Solidarität zwischen Männern und Frauen

Die fiesen Tricks der Kerle:
Wenn Männer den Frauen das Business-Leben schwer machen

»Männer haben Eier, Frauen dafür Pferdeschwanz.«

In meinem hektischen Großraumbüro, das ich täglich betrat, um mich mit den Herausforderungen des Business auseinanderzusetzen, gab es einen Kollegen namens Tobias. Er hieß nicht nur Tobias. Bei mir hatte der den Beinamen »der Tyrann«. Er war der Meister der Ellbogen. Er war immer bereit, sie auszufahren und seinen dominierenden »Charme« spielen zu lassen. Unter uns: Ich bin eine absolut spürige, sensible Frau, und ich konnte Tobias nicht leiden. Aggressivität gepaart mit einem Oberlippenbart – eine Kombination, die toxisch für mich war. Ich versuchte ihn zu meiden, wo es nur ging. Doch manchmal mussten wir zusammenarbeiten, ob ich wollte oder nicht. Bei einer wichtigen Projektbesprechung kreuzten sich mal wieder unsere Wege. Doch kaum hatte ich meine Ideen präsentiert, unterbrach mich Tobias und zerfleischte sie wie eine hungrige Horde Piranhas. Dabei lieferte er kein einziges hilfreiches Argument. Ich nahm einen tiefen Atemzug, sammelte meine Gedanken und begann, meine Ideen auf eine klare und ruhige Weise vorzutragen. Jedes Mal, wenn Tobias versuchte, mich zu unterbrechen, ließ ich ihn kurz gewähren, ließ mich aber in keinster Weise in irreführende Diskussionen verstricken. Ich fuhr fort, als ob nichts passiert wäre und sagte: »Danke, Tobias, für deine Gedanken dazu. Wie ich gerade erklärt habe ...«. Und dann kehrte ich zu meiner Argumentation zurück. Obwohl ich innerlich kurz davor war, wie ein Vulkan auszubrechen, behielt ich meine »Tobias-tische Ruhe«. Ich lieferte ein Feuerwerk an Vorschlägen und Argumenten. Dabei blieb ich stets höflich und professionell, aber auch bestimmt.

Mit der Zeit merkte ich, dass meine Strategie aufging. Die Kollegen begannen, meine Ideen anzuerkennen und ihre Unterstützung zu zeigen. Sie erkannten, dass ich nicht nur Taktiken hatte, mit Tobias' aggressivem Verhalten umzugehen, sondern auch wertvolle Beiträge zu leisten. Von diesem Tag an wurde ich als die »Ellenbogen-Dompteurin« im Projekt bekannt. Ich hatte nicht nur einen Projektmeilenstein zum Erfolg gebracht, sondern auch einen Kollegen, der für seine Aggressivität bekannt war, bändigen können. Wer braucht schon einen Zirkus, wenn man Kollegen im Business zähmen kann?

> *»Die Verbissenheit, die einige Frauen an den Tag legen, hatte ich am Anfang auch. Ich hatte den Eindruck, ich muss es so machen wie Männer. Das war der Versuch, mich jemand anderem anzunähern und mein eigenes Ich komplett zu vergessen. Aber das hat mir in meiner Karriere rein gar nichts gebracht.«*
> LAURA

Maulkorb oder Leine: Hunde die bellen, beißen nicht

Im Geschäftsleben können bestimmte Verhaltensweisen von Männern für Frauen mitunter anstrengend und herausfordernd sein. Diese Verhaltensweisen resultieren nicht zwangsläufig aus böswilliger Absicht, sondern sind oft Relikte vergangener Zeiten, die in unserer heutigen Gesellschaft nicht mehr zeitgemäß sind. Dennoch wirken sie sich auf Frauen in ihrer beruflichen Entwicklung und auf ihre psychische Belastung aus. Einige dieser Verhaltensweisen können in uns Frauen ein Gefühl von Unsicherheit und Stress hervorrufen.

Sie erinnern unser Reptiliengehirn an eine Zeit, in der Überlebensinstinkte und Konkurrenzkampf eine große Rolle spielten. Das zehrt an unseren Kräften und kann unser Vorankommen beträchtlich beeinträchtigen.

»Wenn wir als Frauen erfolgreich sein wollen, müssen wir uns mit der unbequemen Situation auseinandersetzen und Mittel und Wege finden, bei uns zu bleiben.«

SABRINA

Natürlich möchte ich Männer nicht als fiese Kerle bezeichnen, die uns im Business das Leben schwer machen. Im Grunde meines Herzens mag ich euch sehr gern. Und unter uns: Eine Business-Welt ohne Kollegen wäre wie ein Kaffee ohne Koffein – leider ziemlich fad für mich. Doch häufig, liebe Männer, geht ihr uns mit einigen Verhaltensweisen gehörig auf den Keks und strapaziert unsere Nerven über Gebühr. Deshalb muss der Hund manchmal an die Leine! Aber keine Sorge, auch wir wissen, dass es illusorisch ist, eine grundlegende Veränderung zu erwarten. Statt uns von diesen Verhaltensweisen beeinflussen zu lassen, können wir aufmerksam und bewusst darauf reagieren, indem wir unsere eigenen Strategien entwickeln. Und das mit viel Selbstbewusstsein, Weiblichkeit, Schlagfertigkeit und einer Prise Humor. Los geht's!

Das Alpha-Männchen-Syndrom: Wenn Männer auf ihre Brust trommeln

Im hektischen Geschäftsleben sieht man es immer wieder: Männer, die ihre Ellenbogen ausfahren und nach dem Motto »Der Stärkere gewinnt« agieren. Dieses Gehabe ist auch als Alpha-Männchen-Syndrom bekannt. Das prähistorische Männchen trommelt dann gern auf seine behaarte Brust. Es wird oft versucht, den eigenen Status und die Dominanz zu zeigen.

Doch woher kommt diese Verhaltensweise und wie können wir Frauen darauf reagieren? Die Verwendung der Ellenbogentaktik im

Geschäftsleben hat ihre Wurzeln in verschiedenen Faktoren. Historisch gesehen wurden Männer oft ermutigt, ihre Dominanz zu zeigen und sich in der Geschäftswelt durchzusetzen. Dieses Verhalten wurde als Zeichen von Stärke und Führungsqualitäten angesehen. Zudem spielten traditionelle Geschlechterrollen und Stereotype eine Rolle, die Männer als aggressiver und wettbewerbsfähiger darstellen. Männer tendieren in diesen Momenten dazu, sich in den Vordergrund zu drängen und ihre Interessen energisch zu vertreten. Diese Verhaltensweisen können in einer von Männern dominierten Geschäftswelt zu kurzfristigen Erfolgen führen. Doch wie geht es uns Frauen damit?

Wenn Frauen in einer männerreichen Geschäftswelt auf ein dominantes und durchsetzungsstarkes Alpha-Männchen treffen, können sie sich verunsichert fühlen. Sie können Zweifel an ihren eigenen Fähigkeiten und ihrer Position haben. Einige Frauen neigen dazu, sich anzupassen, um in diesem Umfeld zurechtzukommen. Sie halten sich zurück, um Konflikte zu vermeiden. Und oft fühlen sich Frauen frustriert und nicht anerkannt, wenn sie das Gefühl haben, dass ihre Stimmen nicht gehört werden oder dass ihre Ideen und Beiträge aggressiv heruntergespielt oder ignoriert werden.

Frauen haben eine breite Palette an Möglichkeiten, auf die Ellenbogentaktik zu reagieren. Statt sich in einen Machtkampf zu verstricken, was die wenigsten Frauen möchten, können sie alternative Strategien nutzen, die auf ihren individuellen Stärken beruhen. Hier sind einige positive Ansätze, wie du auf Alpha-Männchen mit einem sehr dominant aggressiven Verhalten reagieren kannst.

Tipps: Für Frauen zum Umgang mit Alpha-Männchen

- **Konfrontiere deinen Kollegen direkt!** Sprich dein männliches Gegenüber mit aggressivem Verhalten direkt an und kommuniziere klar, dass es unangemessen ist. Bleibe dabei ruhig und bestimmt in deinen Grenzen und mache deutlich, dass respektvolles und kooperatives Verhalten erwünscht ist.

- **Fragen deeskalieren!** Anstatt auf Aggression mit Aggression zu reagieren, kannst du versuchen, die Situation zu deeskalieren, indem du ganz sachliche Fragen zum Thema stellst, beispielsweise: »Sie sprechen gerade an, dass es eine Herausforderung ist, diesen Weg einzuschlagen. Wo sind Ihrer Meinung nach die größten Hindernisse?«
- **Versuche, kooperative Lösungen zu finden!** Frauen können versuchen, das Gespräch auf eine konstruktive Ebene zu führen und nach gemeinsamen Lösungen zu suchen. Indem du den Fokus auf die Zusammenarbeit legst, statt auf den Konflikt, kannst du eine positive Atmosphäre schaffen und das aggressive Verhalten entschärfen.
- **Flip to Ego!** Wenn es darum geht, aggressivem Verhalten zu begegnen, kann man einem Alpha-Männchen erst einmal mit Lob und Anerkennung Wind aus den Segeln nehmen. Auch wenn du in der Situation vielleicht genervt oder eingeschüchtert bist, versuche ein Kompliment nach dem Motto »Gut gebrüllt, Löwe« zu machen. Etwas »Bauchmiezelei« und ein »Ich sehe, wie groß und stark du bist« machen auch den aggressivsten Gesprächspartner versöhnlich, denn er wird in seiner Stärke gesehen und muss nicht noch eins draufsetzen.
- **Tritt selbstbewusst auf!** Frauen können sich auf ihre eigenen Stärken und Fähigkeiten besinnen und selbstbewusst auftreten. Es geht hierbei nicht darum, dass du das Alpha-Männchen angreifst, sondern deine Leistungen betonst und deine Position klar vertrittst. Damit gibst du ein kristallklares Signal, dass du dich nicht von aggressivem Verhalten einschüchtern lässt.

Am Ende des Tages können wir Frauen auf Alpha-Männchen mit einem dominant aggressiven Verhalten mit der richtigen Strategie reagieren, um nicht in den Machtkampf einzusteigen. Also Ladys, bewahrt eure Coolness! Denn wer braucht schon Krawall, wenn man mit Köpfchen und weiblichem Charme punkten kann?

»Es ist vielen männlichen Kollegen nicht bewusst, wie sehr Frauen über bestimmte Situationen nachdenken. Sie bemerken oft nicht, wenn sie in einer Situation unangebrachte oder respektlose Bemerkungen machen, die Frauen später beschäftigen.«

STEFANIE

Manterrupting: Das männliche Unterbrechungsphänomen

Stell dir vor, du bist in einem Meeting mitten in einer spannenden Argumentation. Deine Worte fließen wie ein majestätischer Wasserfall und plötzlich ... Bämm! Da platzt jemand in deine Rede und bringt dich völlig aus dem Konzept. Er ist unhöflich, respektlos und lässt dich fühlen, als würdest du gegen unsichtbare Sprachpolizisten kämpfen. Wer wird schon gern beim Reden unterbrochen?

Da haben wir es, das berühmte männliche »Unterbrechungsphänomen«, auch bekannt als »Manterrupting« eine Mischung aus Man (Mann) und Interrupting (Unterbrechen). Es fällt auf, dass Frauen in männereichen Branchen oft mitten in Sätzen von männlichen Kollegen unterbrochen werden. Es wäre schön, wenn uns Frauen die Möglichkeit gegeben würde, unsere Gedanken zu Ende zu bringen, bevor man(n) sich einschaltet. Zuzuhören und dann zu antworten ist keine Schwäche, sondern eine wertvolle Fähigkeit. Und liebe Herren, das bedeutet, dass Mann nicht einfach nur so tut, als würde er zuhören, während er gedanklich die neuesten Fußballergebnisse durchgeht.

Frauen erfahren eine unverhältnismäßig höhere Anzahl von Unterbrechungen während des Sprechens im Vergleich zu Männern. Dieses Manterrupting ist keine Form des Plagiats, sondern vielmehr ein soziales Problem. Es reflektiert eine Missachtung des Gegenübers und signalisiert ein mangelndes Interesse an den Äußerungen der betroffenen Person. Zudem impliziert es indirekt, dass der Unterbrechende überlegen sei oder über mehr Wissen verfüge. Natürlich werden auch Männer von Männern unterbrochen. Die missliche Lage, dass Männer Frauen ins Wort fallen, kommt statistisch allerdings häufiger vor: Männer unterbrechen Frauen 23 % häufiger, als dass sie männliche Kollegen unterbrechen.[38] Die Unterhaltung in Konferenzen werden zu 75 % von Männern dominiert.[39] Frauen werden in Jobinterviews deutlich häufiger unterbrochen als Männer.[40] Frauen nehmen dieses Verhalten häufig stillschweigend hin, da sie diese Strukturen und Vorurteile ebenfalls unbewusst verinnerlicht haben. Dabei ist es eigentlich umso wichtiger, in solchen Situationen einzugreifen. Doch warum ist das so?

> *»Wir tun gut daran, Schlagfertigkeit und Kommunikation zu lernen und nach außen hin zu sagen: Moment, hier ist eine Grenze und die kannst du nicht überschreiten.«*
> SABRINA

»Redezeit ist ein Statussymbol«, wie Professorin Marianne Schmid Mast von der Universität Lausanne erklärt.[41] In vielen Arbeitsumgebungen nehmen sowohl männliche Vorgesetzte als auch Kollegen, die nach einer Führungsposition streben, für sich in Anspruch, mehr zu sprechen als Frauen. Das hat oft mit Machtspielen zu tun. Frauen, die es an den Tisch geschafft haben, werden oft übersehen, unterbrochen oder gezwungen, langen männlichen Monologen zuzuhören. Ein Platz am Tisch heißt für Frauen leider noch lange nicht, auch einen Redebeitrag zu haben.

Eine Studie zeigt, dass die Redeaktivität von Frauen nicht nur mit ihrem Minderheitsstatus zusammenhängt, sondern auch mit der Art und Weise der Diskussion.[42] Der Redeanteil von Frauen steigt signifikant an, wenn es nicht nur um Mehrheitsentscheidungen geht, sondern um Entscheidungen, die durch gemeinsamen Konsens erreicht werden. Darüber hinaus zeigen sich deutliche Unterschiede in den Ergebnissen von Gruppenentscheidungen, wenn Frauen aktiv daran teilnehmen. Je mehr Frauen sich an Diskussionen beteiligen, desto innovativer und konstruktiver sind die Lösungsansätze. Dennoch befinden sich Frauen in den meisten wichtigen Entscheidungsgremien von Organisationen und Unternehmen immer noch in der Minderheit.

Tipps: Für Frauen, denen ins Wort gefallen wird:

Es ist wichtig, dass wir Frauen diese Erkenntnisse und das sogenannte Manterrupting nicht ignorieren, wenn es auftritt.

- **Bleib standhaft und sprich die Situation an!** Lass dich nicht von Unterbrechungsversuchen aus der Ruhe bringen. Halte deinen Gedanken fortlaufend und suche dabei Blickkontakt mit dem Gesprächspartner. Falls du unterbrochen wirst, signalisiere mit einer kleinen Geste, z. B. mit der gehobenen Hand, dass du jetzt sprichst. Du kannst auch die Situation direkt ansprechen, indem du beispielsweise sagst: »Lasst mich diesen Gedanken bitte noch zu Ende führen.«
- **Helft euch gegenseitig!** Wenn du bemerkst, dass eine Kollegin in einer Besprechung von einem Kollegen unterbrochen wird, greife ein und zeige deine Unterstützung. Äußere dich beispielsweise mit Sätzen wie: »Warte, lass sie aussprechen« oder »Mich interessiert, was Kollegin … zu sagen hat«. Auf diese Weise zeigst du Solidarität und förderst eine respektvolle Gesprächsatmosphäre.
- **Achte auf deine Stimme!** Manchmal müssen Frauen einfach lauter sprechen als ihre männlichen Kollegen, um gehört zu werden. Sprich laut, deutlich und mit einer tieferen Tonlage, um Autorität und Stärke zu vermitteln. Forscher haben herausgefunden, dass wir tieferen Stimmen, die auch männlicher klingen, mehr Vertrauen schenken. Auf diese Weise wird der Raum beansprucht. Sei dir sicher, dass das, was du vielleicht schon als Schreien empfindest, von Männern wahrscheinlich gar nicht als zu laut empfunden wird. Das Infragestellen deiner eigenen Aussagen, z. B. mit Formulierungen wie »Ich weiß nicht, ob das stimmt, aber …« darfst du auch getrost ad acta legen.
- **Bringe die Dinge auf den Punkt!** Frauen neigen dazu, mit viel mehr Worten zu kommunizieren, während Männer lieber prägnant auf den Punkt kommen. Doch wer sehr ausschweifend erzählt, liefert mehr Anlass, unterbrochen zu werden. Daher in

Meetings die eigenen Anliegen lieber wohl durchdacht und in ihrer Kernbotschaft kommunizieren, das macht es für uns Frauen einfacher.
- **Hab keine Angst vor falschen Tatsachen!** Oft halten wir Frauen uns zurück, in Meetings etwas kundzutun, weil wir Sorge haben, dass wir Informationen nicht genau kennen oder falsch weitergeben könnten. Doch Ladys, auch Männer erzählen »Unsinn«. Das heißt nicht, dass wir unvalide Halbwahrheiten verbreiten sollen, doch wenn wir unterbrochen und nach etwas gefragt werden, können wir souverän unseren Kenntnisstand vermitteln und gern im Nachgang – falls nötig – noch einmal korrigieren.
- **Achte auf deine Körperhaltung!** Eine Studie hat gezeigt, dass sich Männer in Besprechungen eher nach vorne lehnen und dadurch seltener unterbrochen werden.[43] Frauen hingegen lehnen sich tendenziell eher zurück und werden daher häufiger unterbrochen. Achte daher auf eine selbstbewusste und autoritäre Körpersprache, um Unterbrechungen zu verhindern. Nimm Raum ein! Sitz aufrecht, beweg dich beim Reden im Raum, stütze einen Arm auf dem Tisch ab oder weise beim Sprechen mit dem Finger auf Gegenstände oder Personen.
- **Hab das letzte Wort!** Nichts leichter als das, Ladys! Das letzte Wort zu haben, bedeutet, das abschließende und entscheidende Statement in einer Diskussion oder einem Gespräch abgeben zu können. Es wird oft als »Machtwort« bezeichnet, da es das letzte und maßgebliche Statement darstellt, das den Gesprächsverlauf oder die Entscheidung beeinflusst. Ganz gleich, wie oft du unterbrochen wurdest: Das letzte Wort gehört dir!

Also, liebe Manterrupter, lasst uns doch bitte unser glitzerndes Redefeuerspektakel vollenden, bevor ihr in die Show einsteigt. Denn am Ende des Tages haben wir Frauen mindestens genauso viel zu sagen wie ihr. Und wer weiß, vielleicht entdeckt ihr dabei sogar eine neue Leidenschaft fürs Zuhören. Oder ihr könnt uns zumindest ein paar Klatschgeräusche spenden, um uns anzufeuern.

»Ich darf nicht als Mauerblümchen sofort in Ohnmacht fallen, wenn ein markiger Spruch kommt, der oft gar nicht böse gemeint ist. Männer dürfen dafür jedoch mehr Bewusstsein entwickeln und sich etwas mehr auf das weibliche Gegenüber einlassen.«

DORIS

Bodyguard nötig: Das Beschützer-Syndrom bei »schwachen Weibchen«

Kennst du das Beschützer-Syndrom? Diese erstaunliche Erscheinung, bei der sich manche Männer berufen fühlen, das vermeintlich »schwächere Geschlecht« ausgiebig zu beschützen. Es ist wie ein Hauch von Ritterlichkeit in der Luft, aber manchmal auch wie ein Schutzkäfig, in dem wir Frauen gefangen sind. Da stehen sie, die tapferen Beschützer, bereit, uns vor möglichen Schwierigkeiten zu bewahren. Sie wollen uns zur Seite stehen, als menschliche Schutzschilde gegen alle Herausforderungen des Lebens. Es ist fast so, als ob sie denken, wir wären kleine, zerbrechliche Püppchen, die ohne ihre helfende Hand nicht überleben könnten.

Das Beschützer-Syndrom von Männern für Frauen, insbesondere in männerdominierten Branchen, kann sowohl gut gemeint als auch problematisch sein. Es ist schön zu sehen, wie Männer sich für uns Frauen einsetzen und Unterstützung bieten wollen. Sie möchten als Beschützer auftreten und uns vor möglichen Schwierigkeiten bewahren. Dies kann sich in verschiedenen Formen äußern: von übertriebener Fürsorge bis hin zu dem Glauben, dass Frauen aufgrund ihrer vermeintlichen Schwäche oder Unerfahrenheit eine besondere Behandlung benötigen. Es ist wichtig zu beachten, dass das Beschützen im Grunde genommen aus guten Absichten heraus geschieht, aber auch negative Auswirkungen haben kann, wenn es Frauen in ihrer Eigenständigkeit und ihrem Potenzial einschränkt, besonders wenn Frauen die Rolle des hilfsbedürftigen Opfers zugeschrieben wird. Das Beschützer-Syndrom kann auch dazu führen, dass Frauen von bestimmten Aufgaben und Herausforderungen ausgeschlossen werden.

Die Ursache für dieses Syndrom kann in traditionellen Geschlechterrollen verwurzelt sein, in denen Männer als stärker angesehen werden, die von jeher Stamm und Sippe beschützen wollten und konnten. Es kann auch mit einem tief verwurzelten Bedürfnis nach Kontrolle und Überlegenheit zusammenhängen. Männer empfinden oft Gefühle wie Macht, Stolz und Kontrolle, wenn sie in der Lage sind, Frauen zu beschützen.

Tipps: Für Frauen, die das Beschützersyndrom behindert

Um dem Beschützer-Syndrom entgegenzuwirken, können Frauen verschiedene Strategien anwenden.

- **Bleib klar und selbstbewusst!** Stell dir vor, du betrittst den Konferenzraum mit einem unsichtbaren Schild, auf dem steht: »Ich brauche keinen Beschützer, ich kann alles selbst!« Lass die Männer wissen, dass du genau weißt, was du tust und dass du bereit bist, dich selbst zu behaupten. Schüttele den Kopf, wenn sie versuchen, dich zu beschützen, und zeige ihnen, dass du deine eigenen Entscheidungen treffen kannst. Indem du dir deiner Stärken bewusst bist und diese deutlich zeigst, weckst du gar nicht erst das Bild des hilfsbedürftigen Opfers.
- **Setze klare Grenzen!** Wenn ein Mann versucht, dich zu beschützen, gehe aktiv auf ihn zu und sage mit einem breiten Grinsen: »Danke für deine Fürsorge, aber ich habe das im Griff!« Zeige den Männern, dass du ihre guten Absichten schätzt und selbst in der Lage bist, deine eigenen Entscheidungen zu treffen und für dich einzustehen. Mache klar, welche Art von Unterstützung du tatsächlich benötigst.
- **Zeig deine Erfolge!** Setz dich selbstbewusst für deine eigenen Erfolge ein und teil sie mit anderen. Erzähl von deinen herausragenden Projekten, deinem beruflichen Wachstum und den Hindernissen, die du überwunden hast. Zeig den Männern, dass du in der Lage bist, dich selbst zu behaupten und zu bril-

lieren. Inspiriere andere Frauen, indem du deine Geschichten und Errungenschaften teilst. Werde zur leuchtenden Leitfigur, die beweist, dass Frauen in männerdominierten Branchen genauso erfolgreich sein können, ganz ohne männliche Beschützer.

Selbst wenn Frauen mit ihrer Sanftmut gelegentlich den Beschützerinstinkt wecken, ist es im Business unter Männern dennoch nicht erforderlich, einen Bodyguard zu haben. Also, liebe Beschützer da draußen: Wenn ihr wirklich helfen wollt, dann unterstützt uns dabei, unsere Flügel auszubreiten und erfolgreich unsere Wege zu gehen. Ihr dürft uns gern Türen aufhalten, uns in unsere Jacke helfen und uns mit dem Regenschirm begleiten. Doch lasst uns gemeinsam die Welt erkunden, ohne uns gegenseitig in Watte zu packen. Deal?

> »*Sei dir bewusst, dass du genauso kompetent und fähig bist wie deine männlichen Kollegen.*«
>
> SABRINA

Hepeating: Wenn Männer fürs »Nachplappern« die Lorbeeren einsammeln

Mit 60.380 Retweets, mehr als 174.903 Likes und 2257 Kommentaren ist der Tweet von Nicole Gugliucci aus dem Jahr 2017 immer noch aktuell. »Meine Freunde haben ein Wort geprägt: hepeated«, verkündete die US-Professorin für Astronomie und Physik. Sie beschrieb auch gleich, was das Wort zu bedeuten hat: »Wenn eine Frau eine Idee vorschlägt und diese ignoriert wird, aber dann ein Mann das Gleiche sagt und alle es lieben.«[44] Der Begriff setzt sich aus den Wörtern »he« (er) und »repeating« (wiederholen) zusammen und beschreibt das Verhalten von Männern, die die Aussagen von Frauen wiederholen und dafür gelobt werden. Viele Frauen antworteten, dass ihnen das jeden Tag passiert, sowohl bei der Arbeit als auch in ihrem Privatleben.

Stell dir vor, du sitzt in einem Meeting, präsentierst deine Idee. Du schaust in leere Gesichter, kein Kopfnicken, keine Zustimmung. Deine Gedanken stoßen auf Achselzucken. Wertschätzung ist mal wieder ein Fremdwort. Dann kommt dein Kollege zum Zug. Er wiederholt in anderen Worten noch einmal genau das von dir Gesagte und erntet Applaus. Genau das ist »Hepeating« und beschreibt, dass ein Mann sich deine Kommentare oder Ideen zu eigen macht und dann dafür gelobt wird, als würden sie von ihm stammen. Es gibt zwei Arten von »Wiederholungstätern«: Diejenigen, die nicht erkennen, dass ihr Verhalten beleidigend ist, und diejenigen, die wissen, dass ihr Verhalten falsch ist, aber glauben, dass du sie nicht ansprechen wirst.

Es ist ein wichtiger erster Schritt zum Schutz deines geistigen Eigentums, für dich selbst einzutreten, wenn jemand versucht, die Anerkennung für deine Arbeit oder Idee zu erhalten. Aber seien wir ehrlich, es ist nicht immer einfach oder angenehm, sich durchzusetzen – vor allem nicht in einer Gruppe, in der mehr Testosteron als Östrogen vorherrscht. Vor allem Frauen scheuen oft, sich dieser Situation zu stellen, weil sie befürchten, als zu emotional, konfrontativ oder gar zickig angesehen zu werden. Denn seien wir ehrlich, es ist schon erstaunlich, wie schnell wir Frauen diesen Stempel bekommen, nur weil wir für unsere Rechte und Bedürfnisse einstehen wollen und dabei eventuell etwas emotionaler reagieren. Also Ladys, lasst die Zicke von der Leine, denn langfristig wird mehr Schaden angerichtet, wenn ihr schlechtes Verhalten ignoriert und euch gegenüber männlichen Kollegen zurückhaltet. Beförderungen, erfolgreiche Angebote und Partnerschaften werden oft denjenigen zugesprochen, die am meisten zum Erfolg beitragen, und geschlechtsspezifische Handlungen wie Hepeating können dazu führen, dass du auf deinem Weg zu neuen Möglichkeiten aufgehalten wirst. Du bist es dir selbst schuldig, das Wort zu ergreifen.

Einleitende Aufforderungen, um deine männlichen Kollegen sofort anzusprechen und daran zu erinnern, dass du zuvor diese Idee eingebracht hast, könnten lauten: »Danke, dass Sie meine Idee noch einmal aufgegriffen haben ...« oder »Um auf der Idee aufzubauen, die ich Ihnen in unserem letzten Gespräch mitgeteilt habe ...«. Dieser entschlossene Ansatz, vor allem in Anwesenheit wichtiger Interessengruppen, sendet die klare Botschaft, dass du dieses Verhalten nicht akzeptierst. Dann wird der Kollege, der versucht, deine Idee weiterzugeben, hoffentlich zweimal darüber nachdenken, dir in Zukunft die Show zu stehlen.

Tipps: Für Frauen, die ihre Ideen schützen wollen

Wie kannst du deutlich unterstreichen, dass deine Ideen einzigartig sind und du entschlossen bist, sie dir von niemandem wegnehmen zu lassen?

- **Sprich deinen Kollegen direkt an!** Stell klärende Fragen, um ein produktives Gespräch zu führen und herauszufinden, ob der Betroffene sich bewusst ist, dass sein Verhalten irreführend und unangemessen ist. Das Gespräch könnte z. B. so beginnen: »Bei unserem letzten Treffen haben Sie erwähnt, dass Sie zu dieser Idee beigetragen haben ...« gefolgt von »Ist Ihnen klar, dass es meine Idee war und Ihr Verhalten irreführend ist?« Mache deutlich, was aus deiner Sicht geschehen ist und warum es nicht in Ordnung ist. Besprecht, wie ihr die Zusammenarbeit verbessern könnt, damit sich ähnliche Situationen nicht wiederholen.
- **Setz dich proaktiv für deine Ideen ein!** Frauen treten oft weniger für sich selbst ein als Männer es tun. Bescheidenheit führt jedoch dazu, dass sie ihre Ideen zurückhalten oder Feedback in kleinerem Rahmen geben, um nicht arrogant zu erscheinen. Doch hier kommt der Weckruf: Es ist wichtig, deine Leistungen und Ideen sichtbar zu machen, um beruflich voranzukommen. Zögere nicht, deine eigenen Beiträge ins Rampenlicht zu stellen, da dies verhindert, dass andere deine Ideen einfach übernehmen. Ohne Selbstvermarktung werden deine Ideen weniger sichtbar und es wird schwieriger, deine Worte oder deine Arbeitserfolge für dich zu beanspruchen. Um Nachahmung und Unterbewertung entgegenzuwirken, kannst du deine Art, über

deine Beiträge und Erfolge zu sprechen, ändern, indem du Ich-Aussagen anstelle von Wir-Aussagen verwendest.

- **Protokollieren hilft:** Eine einfache Möglichkeit, dein geistiges Eigentum zu schützen, besteht darin, eine gründliche Dokumentation deiner Vorschläge, Präsentationen und Gespräche anzufertigen, um in Situationen, in denen du deine Anerkennung und dein Ansehen verteidigen musst, auf der sicheren Seite zu sein. Wenn du es mit jemandem zu tun hast, der deine Ideen kopieren könnte, kannst du zusätzlich prägnante Zusammenfassungen von Sitzungen austauschen, die die Beiträge aller Teilnehmer, einschließlich deiner eigenen, genau wiedergeben. Achte jedoch darauf, diesen Schritt sparsam zu verwenden und nicht zur »designierten Mitschreiberin« zu werden, es sei denn, dies ist explizit Teil deiner Aufgabenbeschreibung.
- **Such dir Verbündete!** Der Aufbau eines starken Netzwerks vertrauenswürdiger professioneller Verbündeter kann ein effektives Instrument sein, um Ideen zu schützen oder zurückzufordern. Verbündete können als Fürsprecher sowohl öffentlich als auch hinter den Kulissen agieren, um dich zu unterstützen oder deine Arbeit zu verteidigen, wenn sie gefährdet ist. Informiere deine Verbündeten per E-Mail und lade sie zu den Meetings ein, wenn du wichtige Ideen präsentierst, die für den Fortschritt von Projekten entscheidend sind.
- **Fordere die Anerkennung deiner Ideen ein!** Eine Technik, die vor allem von weiblichen Mitarbeitern des Weißen Hauses während der Regierung von Barack Obama angewandt wurde, nennt sich »Amplifikation« und ist eine wirksame Methode, um die richtige Aufteilung der Lorbeeren sicherzustellen. Sie fordert die Männer im Raum auf, die wichtigen Beiträge von Frauen anzuerkennen und verwehrt so den Verleumdern die Möglichkeit, den Ursprung einer Idee falsch darzustellen. Darum kannst du am Ende des Meetings bitten und im Gegenzug auch die Ideen deiner männlichen Kollegen anerkennen und wertschätzen.

Frauen können ihre Ideen schützen, ihre Stimme erheben und ihre Verbündeten mobilisieren, um sicherzustellen, dass ihr Beitrag gebührend gewürdigt wird. Männer, die sich dem Hepeating hingeben, sollten gewarnt sein: Frauen sind nicht mehr bereit, stumm daneben zu stehen, während ihre Ideen von anderen wiederholt werden. Von nun an lautet die Devise: »Hepeating? Nicht mit uns! Wir haben den Wiederholungsschutz aktiviert!« Also Männer, passt auf und hört aufmerksam zu, denn Frauen haben – wie auch zuhause – das letzte Wort: wortwörtlich und im übertragenen Sinne!

> *»Ich finde, dass eine faire Konkurrenzsituation dazu beiträgt, voneinander zu lernen und vorwärts zu kommen. Wenn man(n) in der Lage ist zu sagen ›Die Kollegin ist hier besser als ich, aber ich weiß genau, ich bin in dem Thema besser, und jetzt müssen wir gucken, wie wir das zusammen machen können‹, ist es besonders hilfreich.«*
> DORIS

Mansplaining: Wenn Männer mit Herablassung und Überheblichkeit glänzen

Stell dir vor, du bist in einem wichtigen Business-Meeting, das von einem männlichen Kollegen geleitet wird. Du hast dich gut vorbereitet, um an der Diskussion teilzunehmen und deine Ideen einzubringen. Doch während des Meetings merkst du, dass dein Kollege dich von oben herab behandelt und deine Meinung abwertet. Die Aussagen deines männlichen Gesprächspartners gehen von: »Deine Idee sind ja ganz nett, aber ich glaube nicht, dass du die strategische Weitsicht hast, um das wirklich umzusetzen« bis hin zu »Du hast nicht genug Erfahrung, um hier mitzureden«. Autsch! Was für eine verbale Ohrfeige! Die sitzt. Manchmal sind die Aussagen auch subtiler, was viele Frauen in meinen Coachings bestätigen. Das ist genau in dem Moment der Fall, in dem ein Mann dir erklären möchte, wie dein Arbeitsbereich, in dem du die unangefochtene Expertin bist, zu funktionieren hat. Diese abwertenden Aussagen zeigen deutlich, dass dein Kollege versucht, deine Meinung herabzusetzen und dich in deiner Kompetenz infrage zu stellen. Und dafür gibt es sogar einen umgangssprachlichen Ausdruck: Mansplaining – die Kombination aus »man« (Mann) und »explaining« (erklären) – beschreibt Situationen, in denen ein Mann einer Frau mit seinen Äußerungen herablassend begegnet. In einer Studie der Michigan State University fand man heraus, dass Frauen auf herablassende Erklärungen, die Nichtanerkennung ihrer Stimme oder Unterbrechungen negativer reagierten und das Verhalten eher als Hinweis auf eine geschlechtsspezifische Voreingenommenheit ansahen, wenn der Kommunikator ein Mann war. Männliche Freiwillige, die von einer Frau eine herablassende Erklärung erhielten, empfanden das nicht so. Das drückte sich u. a. darin aus, dass Frauen weniger Worte sagten, nachdem sie von einem Mann herablassend angesprochen worden waren. Männer hingegen blieben unbeeindruckt.[40]

> *»Es gibt Momente, in denen männliche Kollegen denken:*
> *Ich weiß es besser. In solchen Momenten muss man*
> *ihn entweder ignorieren oder sich die Person schnappen*
> *und das Ganze unter vier Augen klären.«*
> JENNY

Meine lieben Männer da draußen, ich weiß, ihr meint es nicht böse. Ihr glaubt wirklich, dass ihr hilfreich seid. Und wisst ihr was? Konstruktives Feedback ist auf Frauenseite immer willkommen – zu jeder Zeit, an jedem Ort, außer vielleicht im Badezimmer. Aber hier geht es um etwas anderes: um diese ungerechtfertigten Kommentare, mit denen versucht wird, Frauen zu erklären, was sie bereits wissen. Es ist fast so, als ob ihr denkt, wir wären die letzten Exemplare auf diesem Planeten, die von nichts Ahnung haben. Doch wie reagieren Frauen darauf? Ich beobachte, dass Frauen in männerreichen Branchen oft noch sehr höflich sind. Frauen sind im ersten Moment zuvorkommend und ärgern sich dann später darüber, weil sie nicht gesagt haben, was sie gerne gesagt hätten.

Tipps: Für Frauen, die nicht herablassend behandelt werden wollen

Wie können Frauen also am Arbeitsplatz vorgehen, um sich gegen Mansplaining zu wehren und ihre Glaubwürdigkeit zu erhöhen?

- **Mache sofort darauf aufmerksam!** Das Naheliegendste ist, das Mansplaining in dem Moment anzusprechen, in dem es geschieht. Die meisten »Sprücheklopfer« wissen nicht, dass sie es tun. Mache dein männliches Gegenüber gern darauf aufmerksam, was gerade passiert. Warte nicht auf den richtigen Moment, denn dieses Abwarten, oft auch gefolgt von Grübeln über die abwertende Bemerkung, kann sich leider manchmal über Monate hinziehen, bis zu dem Punkt an dem wir Frauen möglicherweise zu hart zurückschlagen, was unseren Ruf schädigt und unsere Position schwächt. Bitte gern um ein Vier-Augen-Gespräch. Passende Formulierungen sind z. B. »Ich weiß Ihre Bemerkung zu schätzen und habe diesen Aspekt bereits berücksichtigt«, »Lassen Sie mich fortfahren, und wenn es noch Fragen gibt, können wir diese später klären« oder auch »Diese Bemerkung bringt mich auf den Gedanken, dass es hilfreich wäre, Ihnen noch einmal meine Expertise mitzuteilen«.
- **Reagiere mit Humor!** Humor ist für Frauen in männlichen Business-Bereichen eine enorme Stärke. Ich habe einige Frauen gecoacht, die sagen, dass sie nicht witzig sind, und die mich dann mit ihrem Humor absolut zum Lachen brachten. Humor kann sehr subtil und auf eine weniger konfrontative Weise eine Botschaft vermitteln. Er hilft uns Frauen dabei, Grenzen zu setzen, ohne dass die Gefahr besteht, andere zu verletzen: Die Botschaft wird mit einer sanfteren Ladung übermittelt. Wenn du herabwürdigend behandelt wirst, mache einen kleinen Scherz. Auf die Frage »Sind Sie sicher, dass Ihre Idee taugt?« könntest du kontern: »Ich bin eigentlich nur hier, um das Kaffeekochen zu koordinieren. Aber manchmal ist der Kaffee so stark, dass selbst ich sehr gute Ideen habe.« Lächeln!

- **Leite die Aufmerksamkeit auf eine(n)wertschätzende(n) Gesprächpartner(in)!** Wenn du von einem Mann in einer herablassenden Haltung unterbrochen wirst, kannst du den Fokus und die Aufmerksamkeit vom »Störenfried« weglenken und auf einen anderen Gesprächspartner übergehen lassen. Du könntest dieses Vorhaben begleiten mit den Worten: »Herr ..., bevor wir darüber reden, würde ich gerne hören, was Herr/Frau ... denkt.« Wenn du das Wort an eine andere Kollegin weitergibst, kannst du auch mehr Redezeit für Frauen im Meeting beanspruchen. Damit schlägst du zwei Fliegen mit einer Klappe.
- **Wir Frauen brauchen kein Mansplaining!** Wir sind keine wandelnden »How-to-Guides« für die männliche Bevölkerung. Wir haben unsere eigenen Gehirne und können tatsächlich selbst denken. Wir verdienen es, respektiert und gehört zu werden, ohne dass uns jemand erklärt, was wir ohnehin schon wissen. Also liebe Männer, spart euch das Mansplaining und widmet euch lieber dem Erklären komplexer Dinge wie dem Kraftakt des Öffnens von Gurkengläsern – das könnte vielleicht eher hilfreich sein!

Pokerface: Das Dilemma bei Verhandlungen mit Männern

Verhandlungen gehören zum Leben dazu, ob es nun um eine Gehaltserhöhung, das Sabbatical oder einen neuen Vertrag geht. In Verhandlungen sind die richtige Strategie, schlagkräftige Argumente, emotionale Antennen und rhetorische Finesse von großem Wert. Männer und Frauen können zwar über dieselben Dinge verhandeln, tun dies aber oft auf unterschiedliche Weise. Verhandlungen mit Männern können für Frauen zu einer echten Herausforderung werden. Sie agieren häufig zurückhaltender als Männer und gelten als weniger durchsetzungsstark. Es ist schon erstaunlich, wie unterschiedlich Männer und Frauen an Verhandlungen herangehen.

Da haben wir die Männer, die wie hungrige Löwen auf der Jagd sind. Sie stürzen sich mit einer Mischung aus Selbstvertrauen und

Durchsetzungskraft auf ihre Beute – den besten Preis, die besten Konditionen. Manch eine Frau schaut ihnen beeindruckt zu und fragt sich, ob sie im Verhandlungsdschungel gelandet ist oder bei einer Löwenfütterung live zuschaut. Auf der anderen Seite haben wir die Frauen, die versuchen, die Harmonie zu bewahren und auf eine faire Lösung hinzuarbeiten. Sie versuchen oft, den heißen Tee in einer Verhandlung so zu servieren, dass sich niemand die Finger oder beim ersten Schluck sogar die Zunge verbrennt.

> *»In meinem Beruf habe ich oft Kommentare gehört wie:*
> *›Dazu braucht man aber schon Eier.‹ Daraufhin habe*
> *ich humorvoll geantwortet: ›Ich bin mir nicht sicher,*
> *ob wir beide genug davon haben.‹«*
>
> JENNY

Es gibt eine Reihe von Gründen, warum Männer und Frauen unterschiedlich verhandeln: Von klein auf wird Jungen beigebracht, durchsetzungsfähig und wettbewerbsorientiert zu sein, während Mädchen lernen, kooperativ und fürsorglich zu sein. Diese unterschiedlichen Sozialisationsmuster können zu unterschiedlichen Verhandlungsstilen führen. Zudem sind Männer mehr darauf bedacht, ihre eigenen Ziele zu erreichen, während Frauen eher daran interessiert sind, Beziehungen aufzubauen und Win-win-Lösungen zu finden. Diese unterschiedlichen Ziele können zu unterschiedlichen Verhandlungsstrategien führen. Auch Erwartungen, die an Frauen gestellt werden, können sie in Verhandlungen sich gehemmt fühlen lassen. Der sogenannte Backlash-Effekt zeigt auf, dass Frauen befürchten, ein abweichendes, nicht beziehungsorientiertes Verhalten könne negative Reaktionen wie Ablehnung oder Sympathieverlust hervorrufen.[46] Dieses Dilemma zwingt sie dazu, sich zwischen ihrer Geschlechtsidentität und einem optimalen Verhandlungsergebnis zu entscheiden – eine Entscheidung, die Männer nicht treffen müssen. Aus diesem Grund fällt auch die Selbstvermarktung von Frauen bescheidener aus.

Es ist nicht ungewöhnlich, dass Männer erwarten, dass Frauen sich in Verhandlungen gemäß gesellschaftlichen Vorstellungen wie »Damen« verhalten. Wenn Frauen dieselbe Art von offensiver Aggressivität zeigen, die bei Männern oft als leidenschaftliches Eintreten für ihre Sache angesehen wird, wird dies häufig als beleidigend oder bedrohlich empfunden. Insbesondere wenn Frauen »unangemessene« Ausdrücke verwenden oder ihre Stimme erheben, stoßen sie auf Ablehnung. Männer hingegen wissen weitaus häufiger, wie sie ihre Worte in ein wahrhaft explosives Feuerwerk verwandeln können. Im Gegensatz dazu nutzen Frauen eher eine weniger konfrontative Sprache, während sie versuchen, andere zu überzeugen. Wenn Frauen ihre Argumente präsentieren, verwenden sie oft abmildernde Ausdrücke, um ihre Sprache gewaltfrei zu gestalten. Dies führt jedoch auch dazu, dass sie als weniger durchsetzungsfähig wahrgenommen werden.

Tipps: Für Frauen, die ihr Verhandlungsgeschick verbessern wollen

Was können wir Frauen also tun, um unser Verhandlungsgeschick zu verbessern? Hier kommen wirkungsvolle Tipps.

- **Bereite Verhandlungen sehr gut vor!** Bevor du mit den Verhandlungen beginnst, solltest du dir Zeit nehmen, um die Position der anderen Partei gründlich zu recherchieren. Indem du Informationen sammelst und dich über ihre Ziele, Interessen und bisherige Verhandlungsstrategie informierst, wirst du in der Lage sein, überzeugende Argumente vorzubringen und fundierte Entscheidungen zu treffen. Dieses Wissen gibt dir auch einen Vorteil, da du besser auf mögliche Einwände oder Gegenargumente vorbereitet bist. Doch nicht nur Argumente zählen. Setz dir eine Intention: Was willst du in der Verhandlung erreichen? Und überlege genau: Was soll dein männlicher Verhandlungspartner denken, wissen, tun und fühlen? So verlaufen deine Verhandlungen bewusst oder unbewusst getriggert deutlich in deine Richtung.

- **Sei bereit, auszusteigen!** Eines der wichtigsten Dinge, die du bei Verhandlungen beachten darfst: Sei immer bereit, einen Rückzieher zu machen. Das klingt nach klein beigeben, ist es aber nicht. Wenn du dich zurückziehst und Bedenkzeit einforderst, zeigst du deinem männlichen Gegenüber, dass du es ernst meinst, deine Forderungen durchzusetzen, und dass du nicht davor zurückschreckst, für dich selbst einzustehen. Dies erfordert Mut und Standhaftigkeit, aber es zeigt auch, dass du selbstbewusst und respektvoll gegenüber deinen eigenen Bedürfnissen bist.
- **Sei selbstbewusst!** Selbstvertrauen ist von entscheidender Bedeutung beim Verhandeln. Wenn du nicht an dich selbst glaubst, wird es auch die andere Partei schwer haben, dir zu vertrauen und dich ernst zu nehmen. Deshalb solltest du vor Beginn der Verhandlung Zeit dafür einplanen, dein Selbstvertrauen zu stärken und dich an deine Stärken zu erinnern. Reflektiere deine bisherigen Erfolge und Fähigkeiten, und denke daran, dass du eine wertvolle und kompetente Verhandlungspartnerin auf Augenhöhe bist. Dieses Selbstbewusstsein wird sich positiv auf deine Ausstrahlung und deine Verhandlungsergebnisse auswirken.
- **Sei durchsetzungsfähig!** Durchsetzungsvermögen ist eine weitere wichtige Eigenschaft für Verhandlungsführerinnen. Dies bedeutet nicht, dass du aggressiv oder aufdringlich sein musst, aber es bedeutet, dass du in der Lage sein solltest, für dich selbst und deine Interessen einzustehen. Kommuniziere klar und deutlich, sei bestimmt und lass dich nicht leicht abwimmeln. Halte an deinen Zielen fest und argumentiere überzeugend für sie. Und nutze deine feinen Antennen, um Botschaften auch zwischen den Zeilen zu platzieren. Sei offen für den Dialog, aber sei auch standhaft, wenn es um deine wichtigsten Anliegen geht.
- **Sei bereit zu kooperieren!** Kein Verhandlungsergebnis wird jemals perfekt sein, daher ist es wichtig, dass du bereit bist zu kooperieren. Das bedeutet nicht, dass du auf alles verzichten

musst, was du willst, oder gar faule Kompromisse eingehen solltest. Es bedeutet, dass du bereit sein darfst, deinem männlichen Kollegen oder Vorgesetzten auf halbem Weg entgegenzukommen, wenn das für dich und dein Verhandlungsziel in Ordnung ist. Finde gemeinsame Interessen und suche nach Lösungen, die für beide Seiten eine Win-win-Situation darstellen.

- **Üben, üben, üben!** Wenn du nun Herzklopfen und feuchte Hände bekommst, wenn du auch nur an die nächste Verhandlung mit einem Mann denkst, nimm gerne an einem Verhandlungstraining teil. Davon kannst du profitieren und deine Fähigkeiten gezielt verbessern. Denn in einem geschützten Rahmen, in dem es nichts zu verlieren gibt, probieren wir Frauen uns oft lieber aus. Und dann heißt es: Üben, üben, üben. Begib dich regelmäßig in Verhandlungssituationen. Damit gewinnst du an Kompetenz und Vertrauen und Verhandlungen mit Männern verlieren an Schrecken.

Also auf geht's, Ladys! Mit der richtigen Verhandlungsstrategie und einem wunderschönen Pokerface können wir die Welt erobern und unsere Ziele erreichen. Und wer weiß, vielleicht können wir dabei sogar den einen oder anderen männlichen Verhandlungspartner zum Schwitzen bringen. Und das, ohne uns dabei in die Karten schauen zu lassen. Also dann: Ich erhöhe! Gehst du »all-in«?

Und du bist raus: Wenn Männer weibliche Konkurrenz ausgrenzen

In einer zunehmend geschlechtergerechten Gesellschaft erklimmen Frauen auf vielen Ebenen die Karriereleiter und erzielen bemerkenswerte Erfolge. Doch wie reagieren einige Männer auf Alpha-Weibchen und die weibliche Konkurrenz? Manche Männer fühlen sich durch den Erfolg und die Karriere von Frauen bedroht und wissen nicht immer angemessen damit umzugehen. Die Reaktion auf weibliche Konkurrenz hat eine Bandbreite von Angriff bis Rückzug[47].

Frauen protzen nur selten mit ihrer Macht. Männliche Machtspielchen sind vielen Frauen schlichtweg zu affig. Konkurrenzkämpfe werden lieber geschlichtet. Doch wie verhalten sich Männer bzw. ein Großteil von ihnen? Wenn Männer sich durch den Erfolg oder die Karriere von Frauen bedroht fühlen, können verschiedene Verhaltensweisen auftreten: Eine mögliche Reaktion besteht darin, Frauen abzuwerten und ihre Leistungen herunterzuspielen, um die eigene Position zu verteidigen. Einige Männer versuchen, die Konkurrenz zu verschärfen, indem sie noch aggressiver und dominanter auftreten und ihre Ellenbogen ausfahren. Auch wenn diese beiden Verhaltensweisen nicht angenehm sind, sind wir Frauen mit dem männlichen Gegenüber wenigstens im Kontakt und können intervenieren. Was passiert aber, wenn sich der männliche Kollege oder Vorgesetzte entzieht?

Manche Männer ziehen sich zurück, wenn sie mit erfolgreichen Frauen konfrontiert werden. Sie fühlen sich unsicher und wissen nicht, wie sie angemessen reagieren sollen, oder aber der Rückzug ist eine Taktik der sozialen Ausgrenzung. Stell dir dafür folgende Szenarien vor: Du gehst vorbei – dein Kollege oder männlicher Vorgesetzter wendet sich ab. Du setzt dich zur illustren Männerrunde, alle Kollegen verstummen. Beim Afterwork-Abend hat man dich leider vergessen einzuladen. Und auch bei wichtigen Projekt-Meetings, bei denen du die absolute Expertin wärst, wurde der Termin versehentlich nicht an dich gesendet. Absicht oder Machtspiel?

Oft ist es leider ein Machtspiel, was indirekt ausgetragen wird. Ziel ist es, dich als Konkurrentin, mit ganz subtilen Mitteln mürbe zu machen und aus der Gruppe auszuschließen. Gefährlich wird es natürlich dann, wenn wichtige Informationen vorenthalten werden, wichtige Meetings ohne dich stattfinden und deine Arbeitsqualität dadurch leidet.

Tipps: Für Frauen, die von Kollegen ausgegrenzt werden

Was kannst du als Frau tun, wenn du entdeckst, dass du von männlichen Kollegen ausgegrenzt wirst? Die nachfolgenden Tipps geben wertvolle Impulse.

- **Teste und beobachte!** Wenn du das nächste Mal über deine erfolgreich abgeschlossenen Projekte berichtest, nutze deine feinen Antennen und beobachte, bei welchen Kollegen dies zu einem offensichtlichen oder verborgenen Störgefühl führt. Das macht sich u. a. bemerkbar, dass dein männlicher Kollege versucht, das Gespräch an sich zu reißen und auf eigene Erfolge hinweist. Es kann aber auch sein, dass er mit eingefrorener Miene zuhört oder sich abwendet. Was fällt dir auf?
- **Reflektiere das Verhalten!** Grenzen dich die Kollegen böswillig aus? Enthält man dir Informationen vor? Erlebst du die Ausgrenzung als Schikane? Manche Klientinnen in meinem Coaching sind auf diesem Ohr besonders hellhörig, weil es ein Lebensthema in ihnen triggert. Frage dich gern, ob diese soziale Ausgrenzung deiner Arbeit, Karriere und Gesundheit schadet oder ob du einfach an einem Männerabend nicht dabei sein solltest. Wenn es harmlos scheint, könntest du darüber nachdenken, ob es sympathischere und produktivere Kollegen gibt, an die du dich wenden kannst. Wenn es sich allerdings um systematisches Anfeinden und Schikanieren handelt, besteht Handlungsbedarf. Hol dir dazu gern die Meinung einer neutralen dritten Person ein, der du dich anvertrauen kannst. Fühlst du dich allerdings gemobbt, dann protokolliere die Ausgrenzungen und wende dich an deine Vorgesetzten oder an den Betriebsrat.
- **Bestimmte Gruppenrituale pflegen:** Organisiere regelmäßige Aktivitäten, bei denen die Zusammengehörigkeit unter Kollegen unabhängig vom Geschlecht gefördert wird. Dies können informelle Treffen nach der Arbeit, gemeinsame Mittagessen oder

Team-Building-Events sein. Indem du solche Gelegenheiten schaffst, förderst du ein Gefühl der Zusammengehörigkeit und schaffst Raum für den Austausch auf persönlicher Ebene. Wenn es bereits bestehende Gruppenrituale gibt, nimm diese gern als Gelegenheit. Sollten diese »zu männlich« sein, schlage alternative Aktivitäten vor, die für alle Teammitglieder geeignet sind.

- **Let the other shine!** Für mich als Moderatorin u. a. in Interviews und Paneldiskussionen gibt es immer ein Motto: Let the other shine! Es geht nicht um mich, sondern um den Interviewpartner. Wenn ich es schaffe, ihn oder sie möglichst positiv anzukündigen, öffnet sich mein Gegenüber ganz anders. Und das funktioniert auch beim Ausgrenzen. Indem du den Erfolg deines männlichen Kollegen anerkennst und wertschätzt, kannst du viel Konkurrenzdruck abbauen und ein positives Arbeitsumfeld schaffen. Obwohl es anfangs albern erscheinen mag und du vielleicht selbst vom unsozialen Verhalten »getroffen« bist, lass dich darauf ein und nutze die Magie der Wertschätzung, des Lobs und der Anerkennung: Let the other shine!

Die Reaktionen von Männern auf weibliche Konkurrenz können vielfältig sein, aber wir Frauen dürfen uns davon nicht einschüchtern lassen und dürfen aktiv darauf reagieren. Wenn ein männlicher Kollege mit überraschten Augen reagiert, weil du einen Erfolg erzielt hast, dann sei stolz darauf und lass dir nicht einreden, dass es nur ein »Glückstreffer« war. Statt einen Konkurrenzkampf anzuheizen, können wir nach Kooperationsmöglichkeiten suchen. Also Ladys, lasst uns zeigen, dass wir mehr als bereit sind, gemeinsam erfolgreich zu sein – ohne auf absurde Konkurrenzspielchen hereinzufallen!

Von Macho-Attitüden bis Emanzipation:
Wie Männer den Umgang mit starken Frauen lernen können

»Starke Männer haben keine Angst vor starken Frauen und clevere Frauen lassen Männer Helden sein.«

Michael, ein ehemaliger Teilnehmer meines Trainings und leitender Manager eines Automobilkonzerns, hat sich nie wirklich Gedanken über Geschlechterungleichheit gemacht. Er wuchs in einer traditionellen Familie auf, in der seine Mutter klassisch zuhause blieb, um sich um ihn und seine zwei Schwestern zu kümmern. Als sein Unternehmen ein Mentoring-Programm startet, bei dem erfahrene Manager jüngeren weiblichen Mitarbeiterinnen als Mentoren zur Seite stehen, wird er gebeten, an dem Programm teilzunehmen. Obwohl er zunächst zögert, sagt er schließlich zu. Seine Mentee ist eine hochmotivierte und talentierte, jedoch schüchterne junge Frau namens Sarah, die den Wunsch hat, in seiner männerdominierten Branche Fuß zu fassen. Michael und Sarah treffen sich in regelmäßigen Meetings, um über berufliche Herausforderungen und Ziele zu sprechen. Diese Gespräche berühren Michael auf eine Weise, die er nie erwartet hätte.

»Männern dürfen sich gern in die Neuzeit begeben, in der starke Frauen keine Bedrohung darstellen, sondern einfach das machen, was Männer schon immer tun: selbstbewusst arbeiten!«

DORIS

Während ihrer Zusammenarbeit fallen Michael Situationen auf, die ihn schockieren. Sarah wird in Meetings oft ignoriert, ihre Ideen werden belächelt und übersehen. »Ich war geschockt, wie Sarah in Meetings behandelt wurde. Aber tatsächlich habe ich erst in meiner Rolle als Mentor wirklich wahrgenommen, wie ungehobelt einige meiner Kollegen ihr gegenüber agierten.« Er beginnt, sich aktiv für Sarah einzusetzen. Während aus der einst schüchternen Kollegin eine souverän agierende Business-Frau wird, verändert das Mentoring-Programm auch das Business-Leben von Michael. Er war nicht länger »nur« ein Manager, sondern auch ein Mentor und Unterstützer für starke Frauen in seinem Unternehmen.

Das schrumpfende männliche Ego: Vom panischen Blick in den Rückspiegel

Jetzt wird's ernst: Die Geschäftswelt wird zum Laufsteg für Powerfrauen. In den Korridoren, wo einst hauptsächlich Herrenschritte hallten, hört man jetzt das selbstbewusste Klacken von Stilettos. Und in manchen Ecken der Konferenzräume hört man leises Männergeflüster: »Hilfe, sie kommen! Und das nicht gerade auf Zehenspitzen.« Und manchen Männern fällt dabei die Kinnlade runter. Warum? Die steigende Präsenz von Frauen in traditionell männerdominierten Branchen bringt zweifellos eine Welle des Wandels mit sich, zumindest für einige der männlichen Akteure. In dieser Entwicklung können Ängste vor dem Verlust von Status, Fragen zur eigenen Rolle im Unternehmen, Unsicherheiten über den richtigen Umgang mit weiblichen Kolleginnen, sowie der Druck des Wettbewerbs und die Sorgen um den eigenen Erfolg eine Rolle spielen, um nur einige der Herausforderungen zu nennen, die in den Köpfen einiger Männer präsent sind.[48] Da stellt man(n) sich durchaus die Frage, ob das Duell der Talente nur den Verlust des eigenen Parkplatzes bedeutet.

> *»Es gibt Männer, die Schwierigkeiten haben, mit starken Frauen umzugehen, während es für andere völlig normal ist. Ein häufiges Problem ist die Angst, dass eine starke Frau den eigenen Platz oder Job wegnehmen könnte. Wenn man sich darauf konzentriert, dass beide Geschlechter Stärken haben und zusammenarbeiten, könnte das helfen.«*
>
> LAURA

Wenn es darum geht, Ergebnisse zu liefern und Teams zu leiten, müssen sich Männer jetzt mit Frauen messen, die oft ebenbürtig oder überlegen sind. Da kann das Ego schon mal Schluckauf bekommen. Der traditionelle männliche Fokus auf Hierarchie, Status und Konkurrenz wirkt da geradezu geschäftsschädigend. Die Konkurrenz mit weiblichen Kollegen, die genauso fähig, wenn nicht sogar fähiger sind, zwingt viele Männer zum Umdenken. Es ist, als stünde man(n) mit heißen Socken auf dünnem Eis – der Boden der alten Gewissheiten wird unsicher. Wird die traditionelle Rolle der Männer in der Geschäftswelt obsolet? Oder werden sie gar völlig »überflüssig«?

Liebe Herren, jetzt bitte schnell auf Zehn einatmen, den Atem halten und langsam wieder ausatmen. Keine Angst, die Geschäftswelt ist kein Nullsummenspiel. Die Stühle im Konferenzraum werden einfach nur neu arrangiert. Niemand sagt, dass ihr nicht euren Platz am Tisch behalten sollt. Wir wollen Kooperation, keine Dominanz. Das Geschäftsfeld ist groß genug für alle. Und das ist nicht das Ende, sondern der Beginn einer wunderbaren, kollegialen Freundschaft im Business.

Doch brauchen Männer wirklich Nachhilfe? Stecken alle Männer noch im Beta-Test fest? Mitnichten! Starke Männer haben kein Problem damit, starke Frauen zu schätzen und zu respektieren. Im Gegenteil: Sie erkennen den unschätzbaren Wert, den Frauen für das

Unternehmen mitbringen, und freuen sich auf eine Zusammenarbeit auf Augenhöhe. Falls es dir vergönnt ist, mit einem solchen Kollegen und Vorgesetzten zusammenzuarbeiten: Herzlichen Glückwunsch! Falls nicht, ist aber auch nicht aller Tage Abend. Denn in diesem Kapitel kommen ein paar Tipps, wie Männer lernen können, mit starken Frauen umzugehen.

Gut gebrüllt, Löwin: Die unterschätzte Stärke der Frau im Business-Dschungel

Wenn es eine Sache gibt, die ich im Laufe meiner Berufsjahre gelernt habe, dann, dass man(n) niemals eine Frau unterschätzen sollte, besonders wenn sie in High Heels und mit einem Taschenrechner bewaffnet ist. In einer Welt, in der Frauen sowohl im Cockpit eines Raumschiffs als auch an der Spitze von Technologieunternehmen sitzen, fragt man sich, warum einige Männer immer noch glauben, wir Frauen seien dafür nicht geeignet. Die Geschlechterrollen haben sich im Laufe der Jahrhunderte immer wieder verändert, doch eines bleibt konstant: die Fehleinschätzung von Männern bezüglich der Stärke und Fähigkeiten von Frauen. Frauen werden von Männern oft als das »schwache Geschlecht« unterschätzt. Wohingegen Männer ihre eigenen Kompetenzen oft überschätzen.[49] Besonders in Männerdomänen ist der Weg zum Erfolg steinig und gleicht einem Marathon auf High Heels. Jede dieser Herausforderungen stärkt unser Selbstvertrauen und verleiht uns eine Stärke, die gelegentlich so manchen Mann an den Rand der Verzweiflung bringt.

> *»Führungskräfte dürfen den Rahmen gestalten, in dem Frauen wirken können. Sie können dafür sorgen, dass keine Wettbewerbssituation nach dem Motto ›Schauen wir mal, wer von euch besser ist, Frau oder Mann‹ entsteht, sondern dass klar ist: ›Ihr kommt als Team weiter und nicht als Einzelperson!‹.«*
> DORIS

Im Laufe meiner Karriere war es nicht ungewöhnlich, dass ich auf Männer traf, die sichtlich überfordert gewesen wären, wenn sie in meine Schuhe hätten treten müssen, und das lag zweifelsohne nicht nur an der Höhe meiner Absätze. Ich erinnere mich an einen Kollegen, der völlig fassungslos war, als er herausfand, dass ich nicht nur Mutter, Autorin mehrerer Bücher und Unternehmerin bin, sondern auch noch Schauspielunterricht gebe. Er sah mich an, als hätte ich ihm gerade enthüllt, dass ich nebenbei noch als Geheimagentin die Welt rette. Was ich übrigens nicht tue ... zumindest nicht an Werktagen. Die gute Nachricht? Wenn Männer diese Stärke und Entschlossenheit bei Frauen erkennen, ändert sich ihre Wahrnehmung drastisch. Sie sehen uns Frauen nicht mehr als das »schwache Geschlecht«, sondern als Kolleginnen auf Augenhöhe und ja, auch als ernsthafte Konkurrentinnen. Und das ist für mich und viele andere Frauen da draußen ein echtes Kompliment.

Armdrücken war gestern:
Weg vom Wettbewerb der Geschlechter

In unserer Welt, die oft von Schwarz-Weiß-Denken, von Kategorien wie »besser oder schlechter«, »stärker oder schwächer« geprägt ist, finden wir manchmal Trost. Doch insbesondere im Business greifen solche Denkmuster oft zu kurz. Hier sollte es nicht darum gehen, wer »besser« ist. Gesunder Wettbewerb kann anspornen, aber bitte, lasst uns den Fokus auf die wichtigen Dinge legen, nicht auf Geschlechter-Quiz-Shows à la »Mann oder Frau? Krawatte oder High Heels? Du oder ich?«. Das Schubladendenken, das solche Kategorien erzeugt, ist so überholt wie der Walkman aus den 1980ern. Leider ist es immer noch in vielen Bereichen des Geschäftslebens präsent (siehe S. 17 ff.). Doch es ist höchste Zeit, dieses Denkmuster zu überwinden und eine Geschäftskultur zu schaffen, die von Kooperation, Wertschätzung und Vielfalt geprägt ist. Anstatt in einem Konkurrenzkampf gefangen zu sein, dürfen Männer und Frauen im Business zusammenarbeiten. Dabei spielen eine offene Unternehmenskultur und die Unterstützung von Führungskräften eine entscheidende Rolle.

Armdrücken war gestern. Es geht nicht darum, Mann gegen Frau auszuspielen, sondern um das gemeinsame Erreichen von Höchstleistungen in einem Team, in dem die Vielfalt der Geschlechter als Stärke betrachtet wird. Es ist an der Zeit, unsere Kräfte zu vereinen und gemeinsam nach den Sternen zu greifen – oder zumindest nach dem letzten Donut in der Kaffeeküche, bevor ihn jemand anderes schnappt.

> *»Es geht darum, alle mitzunehmen und zu schätzen, welche Rolle sie in diesem Erfolg gespielt haben. Am Ende des Tages zählt der Erfolg, unabhängig vom Geschlecht. Jeder unterstützt jeden, das ist es, was ich meine.«*
>
> LAURA

Walking in my Shoes: Wunder wirken mit Perspektivenwechsel

Die Welt des Geschäftslebens kann manchmal wie ein undurchdringlicher Dschungel erscheinen, in dem Männer und Frauen mit ihren eigenen Karten und Kompassen herumirren. Doch zum Glück gibt es eine einfache Lösung, um sich in diesem Gewirr zurechtzufinden: den Perspektivenwechsel! Das ist sozusagen die Schatzkarte, die uns zu den verborgenen Schätzen des Verständnisses und der besseren Zusammenarbeit führt. Das Umdenken im Kopf und die Fähigkeit, die Zusammenarbeit in der Business-Welt mit anderen Augen zu sehen ist eine Herausforderung, der sich sowohl Männer als auch Frauen in Männerdomänen gegenübersehen. Aber warum nicht mal das Gehirn ein bisschen durchlüften und die Welt mit neuen Augen betrachten? Statt stur auf dem eingeschlagenen Pfad zu bleiben, könnten wir die Perspektive wechseln. Das ist so, als würden wir einen Spaziergang in den Schuhen des anderen machen – wortwörtlich oder im übertragenen Sinne. Ein Perspektivenwechsel hat sich in meinen Trainings und Coachings als bewährtes Erfolgsrezept erwiesen. Dafür bedarf es Offenheit, Selbstreflexion und Empathie.

Durch das Hineinversetzen in die Situation des Gegenübers können wir oft mehr Verständnis und bessere Lösungen finden. Es gibt dabei herrliche und auch amüsante Aha-Momente bei meinen Coachees und Teilnehmer:innen. Oft reicht ein Perspektivwechsel aus, um eingefahrene Verhaltensmuster und die mentalen Knoten zu lösen und gemeinsam besser zusammenzuarbeiten.

> *»Es wäre hilfreich, wenn Frauen in ihren Partnerschaften offen über ihre beruflichen Erfahrungen sprechen. Das gegenseitige Verständnis und die Unterstützung können dazu beitragen, dass Männer besser darauf vorbereitet sind, mit starken Frauen in anderen Bereichen ihres Lebens umzugehen.«*
>
> ELENA

Jeder von uns betrachtet die Welt aus einem einzigartigen Blickwinkel, und genau dieser Vielfalt dürfen wir Raum gegeben, wenn Männer und Frauen miteinander arbeiten. Es geht also nicht darum, vorschnell zu urteilen oder den eigenen Standpunkt vehement zu vertreten, sondern eine Brücke zwischen den verschiedenen Meinungen und Charaktereigenschaften zu schlagen: »Ich sehe das Problem so – wie siehst du es? Mir geht es in der Situation so. Wie geht es dir damit?« Dafür bedarf es natürlich Offenheit und vor allem Empathie und das haben Frauen und Männer gleichermaßen. Wenn du also wirklich mal Spaß haben möchtest, versuch doch einfach, dich in die Schuhe deines Gegenübers zu stellen. Natürlich im übertragenen Sinne! Überlege dir, wie es wäre, in High Heels oder Krawatte durch den Business-Dschungel zu stapfen. Das allein ist ein Abenteuer!

Weltbild gewandelt: Wenn Töchter Männer zu Vorzeige-Feministen machen

Männer, die in einer Gesellschaft aufwachsen, in der Stereotype allgegenwärtig sind, können oft in ihrer eigenen Blase gefangen sein. Sie haben vielleicht nie einen Grund gesehen, ihre Überzeugungen zu hinterfragen, bis ein einschneidendes Ereignis ihr Leben verändert. Manchmal braucht es einen solchen Auslöser, um tiefgründig über die Gegebenheiten im Leben nachzudenken. Schließlich sind wir nicht alle geborene Philosophen, die täglich über das Dasein sinnieren. Dieses Ereignis könnte das Auftreten einer starken Frau in ihrem Leben sein, ein familiäres Ereignis wie – wer hätte das vermutet – die Geburt einer Tochter. Es ist faszinierend zu beobachten, wie sich das Weltbild vieler Männer – einschließlich das meines eigenen Göttergatten – in dem Moment ändert, in dem sie Töchter bekommen. Alles beginnt mit der Geburt ihrer kleinen Prinzessin, und plötzlich bricht die Erkenntnis wie ein Gewitter über sie herein: »Hey, wieso hat meine Tochter nicht die gleichen Chancen in der Schule, im Studium, beim Zugang zu Fördermitteln, bei der Veröffentlichung von Publikationen oder in ihrer Karriere?« Es ist, als ob ein Schalter in ihren Köpfen umgelegt wird. Diese Väter werden plötzlich zu Befürwortern von Frauen und setzen sich vehement dafür ein, dass ihre Töchter nicht benachteiligt werden. Aber nicht nur die Vaterschaft kann diesen Prozess auslösen. Auch im beruflichen Kontext können Männer positive Erfahrungen mit starken Frauen machen, die ihre Sichtweise auf Geschlechterfragen verändern. Wenn sie beispielsweise eine Kollegin erleben, die ein Projekt erfolgreich leitet oder eine herausragende Leistung erbringt, erkennen sie das immense Potenzial von Frauen im Berufsleben. Ein besonderes Schmankerl ist es, Männer als Mentoren für Frauen einzusetzen (siehe S. 176 ff.).

Diese Erlebnisse führen oft dazu, dass Männer auch in traditionellen Männerdomänen eine größere Bereitschaft zeigen, in einer engagierten und wertschätzenden Art und Weise mit ihren Kolleginnen zusammenzuarbeiten. Diese Männer werden zu Unterstützern und

Verbündeten und tragen dazu bei, die Business-Welt für alle Frauen deutlich gleichberechtigter zu machen. Doch was heißt das jetzt, liebe Männer? Bekommt einfach mehr Töchter? Nun, das wäre eine Lösung, aber vielleicht nicht die praktikabelste. Stattdessen könnt ihr einfach Ausschau nach starken Frauen in eurem beruflichen Umfeld halten. Seid offen für ihre Ideen und Meinungen, unterstützt sie in ihren Bemühungen und tragt dazu bei, dass ihre Stimmen gehört werden!

> *»Es ist ein positives Zeichen, wenn Männer Frauen als Konkurrenz auf Augenhöhe wahrnehmen.«*
> STEFANIE

Die Männer der Zukunft sind die Frauenversteher von heute, und das ist eine großartige Entwicklung für die Business-Welt und die Gesellschaft insgesamt. Diese Kerle haben keine Panikattacken, wenn sie einer starken Frau begegnen. Ganz im Gegenteil, sie klatschen begeistert in die Hände und sagen: »Juhu, Verstärkung!« Sie verstehen, dass die Stärke und die Fähigkeiten von Frauen eine Bereicherung für jedes Team und jedes Unternehmen einer Männerbranche sind, und erkennen, dass die Geschäftswelt kein brutaler Wettkampf ist, bei dem Mann gewinnt während Frau verliert. Stattdessen setzen sie auf Kooperation und Teamarbeit, um gemeinsame Ziele zu erreichen. Sie sind Vorreiter dafür, dass Männer und Frauen besser zusammenarbeiten und zusammen Großes erreichen können. Denn eines ist glasklar: Starke Männer haben keine Angst vor starken Frauen. Und starke Frauen lassen Männer Helden sein.

Lass die Zicke von der Leine:
Weg von Stutenbissigkeit und Konkurrenzdenken

*»Ich feiere den Erfolg anderer Frauen,
weil ich fest daran glaube, dass es genug
Scheinwerferlicht für uns alle gibt.«*

»Die hat die Beförderung doch nur bekommen, weil sie dem CEO schöne Augen macht. Ich will nicht wissen, was die noch alles angeboten hat, um nach oben zu kommen!« Die verächtliche Stimme einer Kollegin dringt zu mir, als sie in der Kantine neben mir und einem männlichen Kollegen an der Salatbar ihren Teller vollschaufelt. Der Kollege lacht schlüpfrig und süffisant. »Na ja, zwei schlagende Argumente hat sie ja auf ihrer Seite!«, erwidert er und klopft sich dabei vor Lachen auf die Schenkel. Ich konnte es kaum fassen! Sie sprachen in der Tat über eine sehr kompetente und zugegebenermaßen auch sehr weibliche Kollegin. Es war kein Geheimnis, dass sich die beiden Frauen auf dieselbe Position beworben hatten, die weiblich besetzt werden sollte. Sie waren Rivalinnen von Anfang an und sahen in jeder Aufgabe eine Möglichkeit, sich gegenseitig zu übertrumpfen. Die Spannung in der Luft war spürbar, als das Unternehmen die Entscheidung bekannt gab, die nun zu Ungunsten der anderen Kollegin ausgefallen war. Ich war schockiert über die verächtlichen und respektlosen Kommentare meiner Kollegin und des männlichen Kollegen. Das konnte ich so nicht stehen lassen. Ich wandte mich an die Kollegin: »Entschuldige, aber ich finde es extrem bedauerlich, dass ihr hier über eine Kollegin sprecht und sie regelrecht verleumdet. Vielleicht wäre es ja hilfreich, nicht immer nur gegeneinander zu zicken, sondern zusammenzuhalten!« Die Kollegin wurde still und suchte schnell das Weite – ohne das Dressing auf ihren Salat zu träufeln. Der Beigeschmack dieser Szenerie hing mir noch lange nach. Warum tun Frauen das untereinander?

Vorsicht Zickenkrieg: Wenn Frauen die Hörner ausfahren

Konkurrenz unter Frauen ist ein Phänomen, das oft tabuisiert wird, aber dennoch existiert und durch das Stereotyp des Zickenkriegs verstärkt wird. Zicken gelten als launisch, eigensinnig, meckernd, widerspenstig und stur. Was für eine charmante Bezeichnung für uns Frauen. Wollen wir das wirklich? Oder können wir nicht einfach die Zicke von der Leine lassen? Doch das wäre an dieser Stelle zu früh gemeckert. Erst einmal dürfen wir uns mit einigen Hintergründen und Tatsachen beschäftigen. Bevor wir nun in die Welt der gemeinen, fiesen Konkurrentinnen-Tricks einsteigen, ist es wichtig, dass wir noch einmal zwischen Wettbewerb und Konkurrenz unterscheiden. Wettbewerb bezieht sich auf eine Situation, in der mehrere Personen das Ziel haben, die beste Leistung zu erbringen und als Sieger hervorzugehen. Konkurrenz beinhaltet zusätzlich den Aspekt der Rivalität und des Wettstreits um den Vorrang. Es gibt hierbei jedoch einen frappierenden Unterschied zwischen Männern und Frauen basierend auf unterschiedlichen Sozialisationserfahrungen und Stereotypen, die beide Geschlechter während ihres Lebens unbewusst erlernen und die ihr alltägliches und berufliches Handeln prägen. In einer Studie der Universität Hamburg zur Mikropolitik und Aufstiegskompetenz von Frauen konnte gezeigt werden, dass Frauen tendenziell eher in Konkurrenz zueinander treten, während Männer eher im Wettbewerb miteinander stehen, wenn es um den Aufstieg in Führungspositionen geht.[50] Dabei wird bei Männern Konkurrenz als Wettbewerb aufgefasst. Ein Beispiel hierfür ist das Fußballspiel, bei dem Männer konkurrieren, um zu gewinnen. Nach dem Spiel können jedoch alle, Gewinner und Verlierer, gemeinsam ein Bier trinken gehen. Im Business schließen sich also der Wunsch, den Job zu bekommen, und der Wunsch, dass ein anderer Mann mit aufsteigt, nicht aus. Dieses Prinzip trägt maßgeblich dazu bei, dass Männer als Gruppe gemeinsam in Führungspositionen aufsteigen.

»Wir sollten in unser Netzwerk investieren. Damit meine ich nicht, einfach nur Verbindungen auf LinkedIn hinzuzufügen, sondern wirklich zu schauen, wie wir anderen helfen können. Es geht darum, ernsthaft Mehrwert zu bieten und Zeit, Ressourcen oder Informationen zur Verfügung zu stellen.«

SABRINA

Frauen haben oft die Erfahrung gemacht, dass Konkurrenz und Rivalität unter ihnen stärker ausgeprägt sind als bei Männern. Die Konkurrenz unter Frauen zeigt sich auch in Beziehungsspielen, die bereits im Kindesalter erlernt werden und in denen Beziehungen zwischen zwei Mädchen im Fokus stehen, im Gegensatz zu Gruppenspielen, wie sie bei Jungen üblicher sind. Das heißt, Konkurrenz unter Frauen wird oft auf persönlicher Ebene ausgetragen und persönlich genommen. Frauen haben gelernt, sich als Rivalinnen zu betrachten und in erbitterten Konkurrenzkämpfen gegeneinander anzutreten. Wenn eine Frau einen Job bekommt und die andere nicht, kann es vorkommen, dass die Verliererin jahrelang keinen Kontakt mehr zu ihrer ehemaligen Kollegin hat.

Dieses Konkurrenzverhalten steht in engem Zusammenhang mit dem Stereotyp der Zicke. Frauen, die in Konflikte untereinander geraten, werden als streitlustig und unsolidarisch betrachtet. Es ist wichtig anzumerken, dass solche Stereotype tief verankert und unbewusst wirksam sind. Das Verhalten von Frauen in der Berufswelt spiegelt oft wider, dass sie allein um den Aufstieg kämpfen, während Männer in Gruppen an ihnen vorbeiziehen.

Kampf um den Thron: Frauen konkurrieren, aber meiden den Wettbewerb

Obwohl Frauen nun scheinbar eher in Konkurrenz treten, scheuen sie allerdings stärker den Wettbewerb. Viele Frauen, die in meiner Beratung oder im Coaching sind, wagen den nächsten mutigen Schritt nicht, wenn sie damit in eine Wettbewerbssituation kommen. Der geschlechtsspezifische Unterschied in der Wettbewerbsfähigkeit ist ein Phänomen, das durch Untersuchungen belegt wird. Studien der Stanford University zeigen, dass Frauen im Durchschnitt weniger wettbewerbsorientiert sind als Männer.[51] Dies äußert sich darin, dass Frauen seltener von sich selbst behaupten, wettbewerbsorientiert zu sein, und weniger bereit sind, an Wettbewerben teilzunehmen. Diese Unterschiede zeigen sich auch im beruflichen Umfeld, wo wettbewerbsorientierte Menschen in der Regel bessere sozioökonomische Ergebnisse erzielen, was für einen signifikanten Teil des geschlechtsspezifischen Einkommensunterschieds[42] und beruflichen Aufstiegs[53] verantwortlich ist.

Sind Frauen hinsichtlich der Vorteile des Wettbewerbs in einer männerreichen Branche pessimistischer, weil sie den Wettbewerb tatsächlich anders erleben? Männer sehen im Wettbewerb mehr Positives: Wettbewerb hat das Potenzial, die Leistung zu steigern, den Charakter zu entwickeln und zu innovativen Problemlösungen zu führen. Negativ zu vermerken ist, dass Wettbewerb möglicherweise unethisches Verhalten fördert und Beziehungen schadet. Ein Großteil der Frauen ist weniger als der durchschnittliche Mann davon überzeugt, dass Wettbewerb zu positiven Ergebnissen führt.[54] Zudem beteiligen sich Frauen seltener am Wettbewerb, weil sie weniger davon überzeugt sind, dass sie erfolgreich sein werden.[55]

Spannend ist auch, dass Männer und Frauen unterschiedlich auf Niederlagen, die aus einem Wettbewerb resultieren, reagieren: Wirtschaftswissenschaftler untersuchen die Bereitschaft zum Wettbewerb, indem sie Männer und Frauen vor die Wahl zwischen verschiedenen Belohnungen für ihre Leistung bei einer Aufgabe stellen. Dabei konnten sie sich entweder für eine Belohnung entscheiden, die ausschließlich von ihrer eigenen Leistung abhängt oder für eine potenziell höhere Belohnung, die jedoch nur erreicht wird, wenn sie einen anderen Teilnehmer oder eine andere Teilnehmerin übertrumpfen. In solchen Situationen zeigen Frauen tendenziell eine Vorliebe für die sicherere, nicht wettbewerbsorientierte Option. Das Pech, in der ersten Runde gegen einen äußerst starken Gegner anzutreten, hatte bei Männern nur einen geringfügigen Einfluss. Frauen hingegen zeigen nicht nur ein geringeres Interesse daran, sich mit anderen zu messen, sondern auch die Damen, die zu Beginn bereit waren, sich dem Wettbewerb zu stellen, waren nach einer Niederlage weniger gewillt, weiterzumachen als die männlichen Verlierer.[56]

> »Ich habe bisher keine Konkurrenzkämpfe oder
> Stutenbissigkeit unter Frauen erlebt. Im Gegenteil,
> ich habe eher positive Unterstützung von Frauen
> erfahren und bewundere ihre Leistungen.«
> STEFANIE

Liebe Ladys, weniger Wettbewerb bedeutet leider oft auch schlechteres Vorankommen. Dennoch dürfen wir uns bewusst in Situationen begeben, in denen wir herausgefordert werden, stets im Vertrauen darauf, dass wir diese Herausforderungen meistern können. Denn eines steht außer Frage: Out of the comfort zone – the magic happens!

Fremdgesteuert: Wenn mal wieder die Hormone schuld sind

Hast du dich jemals gefragt, warum du manchmal fast ungewollt in Konkurrenzsituationen landest oder auch im Business ungewöhnliches Verhalten wie Stutenbissigkeit zeigst? Nun, es ist Zeit, den wahren Schuldigen zu entlarven: die Hormone! Ja, diese kleinen chemischen Botenstoffe haben die Macht, uns wie Marionetten zu lenken. Da hast du z. B. das Östrogen, das heimlich hinter den Kulissen agiert. Östrogen, das Superhelden-Hormon der Frauen! Es beeinflusst nicht nur die Produktion von Serotonin, sondern auch unsere Stimmung und unseren Sinn für Humor. Wenn der Östrogenspiegel sinkt, kann das zu einem Zustand führen, den wir liebevoll als Miesepeter- oder besser weiblich als Muffelina-Modus bezeichnen – Niedergeschlagenheit und depressiven Stimmungen sei Dank. Wer hat in diesem Zustand noch Lust, wie eine Löwin im Business-Dschungel in den Kampf zu ziehen? Vergiss die Krallen, es ist das Östrogen, das dich antreibt!

Aber damit nicht genug! Das Progesteron betritt die Bühne und verwandelt dich in eine emotionale Achterbahn. Du weinst beim Anblick eines negativen Quartalsberichts, lachst hysterisch über die albernsten Witze deiner männlichen Kollegen und könntest bei der geringsten Provokation im Meeting einen Wutanfall bekommen. Alles dank dieses kleinen Hormons, das entscheidet, wann du dich wie eine Drama-Queen und wann wie eine Party-Kanone fühlst. Und dann ist da noch das Testosteron, das nicht nur den Männern vorbehalten ist. Ja, Ladys, auch wir haben eine Portion davon. Es ist wie ein plötzlicher Schub von Energie und Selbstvertrauen, der dich dazu bringt, dich in Wettkämpfen zu messen oder in herausfordernden Situationen deine Dominanz zu zeigen. Das Testosteron ist der innere Rockstar auf der Business-Bühne.

Und jetzt kommen wir zum aufregendsten Duo: Adrenalin und Cortisol! Das sind die Doppelgänger des Business-Lebens. Sie feuern dich an, lassen dich auf Hochtouren laufen und bringen dich manchmal sogar an den Rand des Wahnsinns. Adrenalin, der rebellische Rhythmusgeber, sorgt dafür, dass dein Herz schneller schlägt, deine Hände schwitzen und du bereit bist, jede Herausforderung anzunehmen. Ein Adrenalin-Kick gibt dir die tausendfache Kraft eines Espressos. Und Cortisol, der Stress-Maestro, hat die einzigartige Fähigkeit, dich in stressigen Situationen in eine wahrhaftige Multitasking-Maschine zu verwandeln. Du jonglierst mit Projekten, beantwortest E-Mails im Sekundentakt und organisierst dabei ganz nebenbei noch eine Kindergeburtstagsparty.

Doch Spaß beiseite: Ist der Einfluss unserer Hormone auf unser Verhalten im Wettbewerb auch wissenschaftlich belegt? Und ob! Es gibt zwar nur sehr wenige Studien, die dabei ausschließlich den Fokus auf Frauen legen. Diese haben es aber in sich. Also fangen wir an: In einer wissenschaftlichen Studie wurde nachgewiesen, dass Östrogen den Wettbewerbsdrang bei Frauen steigert. Östrogen fördert das Gefühl von Macht und Wettbewerb bei Frauen in einer ganz ähnlichen Art und Weise wie es Testosteron bei Männern vollbringt. Der Östrogenspiegel schießt bei machtmotivierten Frauen in die Höhe, wenn sie gewinnen, und sinkt, wenn sie verlieren, während das Gegenteil bei Frauen der Fall war, die offenbar nicht an Macht interessiert waren, so die Forscher.[57] Je höher der Östrogenspiegel bei einer Frau ist, desto höher ist auch ihre Machtmotivation. Da haben wir es doch! Wir können also gar nicht wirklich etwas dafür, wenn wir lospreschen und die eine oder andere Rivalin aus dem Feld räumen!

Klingt aggressiv? Ist es auch! Dabei nutzen Frauen die indirekte Aggression in Konkurrenz- und Machtkämpfen viel häufiger als Männer. Während Männer sich lautstark und hitzig anbrüllen und sich gelegentlich auch körperlich auseinandersetzen, setzen Frauen oft subtilere Formen ein. Es können Gerüchte gestreut, Lästereien verbreitet oder das soziale Ansehen der Konkurrentin untergraben werden. Frauen können auch passiv-aggressive Verhaltensweisen wie Ignorieren, Abwerten oder bewusstes Auslassen von Informationen einsetzen, um ihre Rivalinnen zu schwächen. Indirekte Aggression, auch bekannt als hinterhältige Aggression, ist eine Methode, die Frauen häufig nutzen, um Rivalitäten auszutragen und Konkurrenzsituationen zu befeuern. Es ist eine Art von Kampf, der oft im Verborgenen stattfindet und von Außenstehenden nicht immer leicht zu erkennen ist. Frauen sind Expertinnen darin, versteckte Botschaften zu senden.

Wie bei Männern ist der Zusammenhang zwischen Testosteron und Aggression bei Frauen allerdings gering. Das beweist folgendes Experiment: Wissenschaftler verabreichten Frauen, die nicht hormonell verhüteten, entweder ein Placebo oder Testosteron. Anschließend wurden die Teilnehmerinnen gebeten, um Geld zu handeln. Eine Frau erhielt eine bestimmte Geldsumme als Startkapital und hatte die Möglichkeit, einem Handelspartner einen Teil davon anzubieten, jedoch höchstens die Hälfte. Der Handelspartner konnte das Angebot akzeptieren oder als ungerecht ablehnen. Wurde das Angebot abgelehnt, gingen beide leer aus und das Startkapital wurde eingezogen. Die Forscher gingen davon aus, dass Testosteron Frauen aggressiver machen könnte und sie dazu neigen würden, ungerechte Angebote zu machen, beispielsweise nur 10 oder 20 % ihres Einsatzes anzubieten. Doch die Ergebnisse zeigten das Gegenteil: Frauen, die Testosteron erhalten hatten, tendierten dazu, das Geld fairer zu teilen.[58]

Brauchen wir also nur eine Extra-Portion Testosteron, um Stutenbissigkeit und Zickigkeit entgegenzuwirken? Liebe Ladys, bevor wir uns Hals über Kopf ins Testosteron-Doping stürzen und uns mit Vollbart und Brusthaar schmücken, sollten wir vielleicht doch nach Alternativen suchen. Und so viel vorab: Es gibt Lösungen ganz ohne lästige Körperbehaarung.

Intrigen, Geheimnisse und Mascara: Ungeschminkte Wahrheit über weibliche Arbeitsbeziehungen

Die geheime Welt der weiblichen Arbeitsbeziehungen scheint mit Intrigen, Geheimnissen und einem Hauch von Mascara gefüllt zu sein. In Arbeitsbeziehungen unter Frauen kann es vorkommen, dass diese sich nicht unbedingt als das Dream-Team am Arbeitsplatz sehen und sich daher auch nicht unterstützen, um gemeinsam voranzukommen. Manche behaupten sogar, dass der Büroalltag wie ein ausgeklügeltes Schachspiel mit Lippenstift und High Heels ist. Anstatt sich gegenseitig zu bewundern und zu bestärken, gibt es immer eine weibliche Fashion-Polizei! Anstatt gemeinsam an der Karriere zu schrauben, gibt es den gnadenlosen Wettbewerb um den besten Platz in der Kaffeeküche. Dabei tauchen immer wieder drei zentrale Themen auf, die eine harmonische Arbeitsbeziehung zwischen Damen erschweren. Dazu gehören negative Stereotype über Frauen, fehlende Anerkennung von geschlechtsspezifischer Ungleichheit und die Abwertung der Beziehungen, Gruppen und Netzwerke von Frauen.[59] Und das Ganze jetzt plakativer, bitte!

Beginnen wir mit negativen Stereotypen: Die Klischees über Frauen sind allgegenwärtig. Von »Diva« bis »Drama-Queen« werden wir Frauen oft mit Worten beschrieben, die nicht gerade zur gegenseitigen Zusammenarbeit ermutigen. Kein Wunder, Ladys, dass manche von uns sich nicht als Team-Playerinnen sehen. Und wie sieht das aus mit der Geschlechterungleichheit? Die Forschung zeigt, dass viele Frauen die Ungleichheiten am Arbeitsplatz einfach ignorieren, ob aus Selbstschutz oder weil sie nicht den Ruf einer »Feministin« erlangen wollen. Was ist mit Netzwerken, liebe Ladys? Wir Frauen schließen uns nicht nur gerne zu Yoga-Kursen zusammen, sondern treffen uns gern auch auf beruflichen Netzwerkveranstaltungen. Die Begeisterung für diese Netzwerke wird gerade in kleinen und mittelständischen Betrieben nicht vollumfänglich geteilt. Das führt oft dazu, dass Damen ihre Chancen auf beruflichen Aufstieg und Erfolg selbst beschränken.

Ein weiterer Faktor, der zur weiblichen Konkurrenz beitragen kann, ist der Vergleich mit anderen Frauen und das damit verbundene Selbstwertgefühl. Liebe Ladys, wir müssen mal ganz ehrlich sein: Wir Frauen haben so unsere eigenen Wege, uns selbst einzuschätzen. Und oft genug passiert das, indem wir uns mit anderen Frauen vergleichen. Wenn wir dann das Gefühl haben, dass andere Frauen in bestimmten Bereichen erfolgreicher oder attraktiver sind als wir, kann das einen regelrechten Wettbewerbsmodus aktivieren. Es ist, als ob Business-Performance kombiniert mit Lippenstift zum Startschuss für einen aufregenden Wettkampf wird.

Und natürlich müssen wir auch ganz klar über begrenzte Ressourcen sprechen, denn diese lassen manchmal das Zicklein in uns zu Hochtouren auflaufen. In vielen Bereichen des Lebens wie Karriere, Beziehungen oder gesellschaftlichem Status gibt es oft eine begrenzte Anzahl von Möglichkeiten oder Vorteilen. Es gibt eben – auch trotz Frauenquote und Co. – nicht unendlich viele Positionen, auf die sich Frauen mit Führungsambitionen bewerben können. Da haben wir wieder den Salat!

»Meine weibliche Vorgesetzte mochte mich von Anfang an nicht. In Einstufungstests, die es in unserer Branche gibt, hatte ich oft bessere Ergebnisse als sie. Ich dachte mir, dass es sie nicht schöner oder besser macht, wenn sie mir meinen Erfolg nicht gönnt. Schade, wirklich schade, denn wir sollten einander mehr unterstützen, besonders wenn es so wenige von uns gibt.«

JENNY

Doch ganz ehrlich, Ladys: Muss das so sein? Wollen wir das wirklich? Wäre es nicht viel schöner, wenn wir gemeinsam erfolgreich wären? Statt uns wie wildgewordene Zicken, um begrenzte Ressourcen zu streiten, könnten wir doch einfach zusammen den Lippenstift schwingen und die Karriereleiter emporklettern. Da gibt es diese wundervolle Spezies von Frauen, die sich nicht nur ihrer eigenen Schönheit, Intelligenz und Stärke, sondern auch der ihrer Mitstreiterinnen bewusst sind. Ich kenne viele Frauen, die andere Frauen nicht als Konkurrentinnen, sondern als wertvolle Unterstützung auf diesem wilden Abenteuer im Business unter Männern sehen. Sie bringen etwas Einzigartiges in die Welt: eine Schwesterlichkeit, die nicht von Eifersucht oder Neid getrübt, sondern von Kollegialität und Unterstützung genährt wird. Doch wie kannst du dich selbst weiterentwickeln und deine Ziele erreichen, ohne dich in einen ständigen Wettbewerb mit anderen Frauen zu verstricken? Wie gehst du mit Konkurrentinnen am besten um?

Konkurrenz oder Kaffeekränzchen: Mit der Konkurrentin zum Dream-Team werden

Es ist ein seltsames Phänomen – sobald wir merken, dass eine andere Frau uns als Konkurrenz betrachtet, scheint sich die Dynamik zu ändern. Plötzlich gibt es eine unterschwellige Rivalität, die manchmal absurd anmuten kann. Anstatt uns gegenseitig zu unterstützen, geraten wir in einen Konkurrenzmodus, der manchmal mehr Drama als eine Folge unserer Lieblingsserie beinhaltet. Doch warum lassen wir uns von diesem Konkurrenzdenken beherrschen? Es ist wichtig zu erkennen, dass es Möglichkeiten gibt, damit umzugehen und eine unterstützende Arbeitsumgebung zu schaffen. Was kannst du also tun, wenn du dich in einer Konkurrenzsituation befindest? Hier kommen meine besten Tipps, die auch von meinen Teilnehmerinnen im Coaching praxiserprobt wurden.

Lass uns reden! Ein erster Schritt besteht darin, offen und ehrlich mit der betreffenden Kollegin zu kommunizieren, die dich als Konkurrentin wahrnimmt oder die du als Konkurrentin wahrnimmst. Es geht darum, gemeinsame Interessen zu betonen und Wege zu finden, wie ihr beide eure Ziele ohne Rivalität erreichen könnt. Denk daran, dass Konkurrenz nicht immer negativ sein muss und dass eine konstruktive Zusammenarbeit euch beide stärker machen kann. Sei während des Gesprächs respektvoll und vermeide negative Begriffe oder Abwertungen. Du kannst deutlich machen, dass du dich geschmeichelt fühlst, dass dir deine Kollegin so viel Stärke zuschreibt, dich als Rivalin zu sehen. Denn Ladys, unter uns, eigentlich ist es doch das größte Kompliment, was wir bekommen können!

- **Solidarität statt Rivalität:** Lust auf ein gemeinsames Projekt? Zeige Interesse an einer positiven Zusammenarbeit und Unterstützung! Sei dabei ehrlich und authentisch! Lenke das Gespräch auf Bereiche, in denen ihr gemeinsame Ziele und Interessen habt. Zeige, dass es Raum für Zusammenarbeit und Win-win-Situationen gibt. Identifiziere Bereiche, in denen ihr eure Stärken und Ressourcen kombinieren könnt, um bessere Ergebnisse zu erzielen. Betone, wie eine Zusammenarbeit euch beide voranbringen und erfolgreich machen kann. Zeige auch, dass ihr als Team mehr erreichen könnt als allein. Anstatt sich von Konkurrenz beeinflussen zu lassen, kann es hilfreich sein, anderen Frauen Unterstützung anzubieten und sich zusammenzuschließen.
- **Schön, schöner, am schönsten:** Wertschätzung, Lob und Anerkennung sind leider im Business ein Fremdwort geworden. Natürlich bist du nicht dafür verantwortlich, den Selbstwert deiner Kollegin oder Vorgesetzten aufzupolieren. Doch Wert-

schätzung ihrer Erfolge helfen hier ungemein weiter, um Konkurrenzdruck herauszunehmen. Zeige Interesse an ihren Leistungen und Erfolgen, gratuliere ihr zu ihren Errungenschaften und erkenne ihre Stärken an. Indem du positiv und unterstützend reagierst, schaffst du eine Atmosphäre der Wertschätzung und Offenheit, die es euch beiden ermöglicht, eure Fähigkeiten zu entfalten und gemeinsam erfolgreich zu sein.

- **Was hat sie, was ich nicht habe?** Wenn du merkst, dass du eine Kollegin als absolute Konkurrentin empfindest, ist es wichtig, dich selbst zu reflektieren und deine Perspektive zu erweitern. Frage dich, welche Qualitäten und Fähigkeiten deine Kollegin hat, die du auch gerne hättest. Bewundere ihre Stärken, anstatt sie als Bedrohung zu sehen. Du kannst von ihr lernen und dich inspirieren lassen. Statt dich von negativen Gedanken leiten zu lassen, sei mutig und gehe auf deine Kollegin zu. Frag sie offen und ehrlich, wie sie es geschafft hat, so erfolgreich zu sein. Du wirst überrascht sein, wie gerne andere Frauen ihre Erfahrungen teilen und dir weiterhelfen. Nutze deine Kollegin als Vorbild und Mentorin! Lass dich von ihrer Erfahrung und ihrem Know-how inspirieren!
- **Du bist stark!** Wenn wir auf Konkurrentinnen treffen, richten wir den Blick nach außen und nicht nach innen. Wenn du das merkst, fokussiere dich bitte auf deine Stärken. Was kannst du besonders gut? Was hast du schon alles erreicht? Warum arbeiten die Kollegen gern mit dir zusammen? Indem wir uns bewusst machen, welche Fähigkeiten und Qualitäten wir besitzen, stärken wir unser Selbstvertrauen. Wir erkennen, dass wir einzigartig sind und dass wir einen wertvollen Beitrag leisten können. Dies hilft dabei, uns weniger von anderen bedroht zu fühlen und den Fokus auf unsere eigenen Ziele zu richten. Anstatt uns mit anderen zu vergleichen, vermeintlich im Mangel zu stehen und uns minderwertig zu fühlen, erkennen wir unsere eigenen Vorzüge und Erfolge an.

- **Gleich und gleich gesellt sich gern:** Wir mögen Frauen, die uns ähnlich sind. Finde Gemeinsamkeiten, die du mit deiner Konkurrentin teilst. Vielleicht habt ihr ähnliche berufliche Ziele, gemeinsame Hobbys oder einen ähnlichen Arbeitsstil. Indem du diese Gemeinsamkeiten betonst, kannst du eine Basis für eine bessere Zusammenarbeit schaffen.
- **Komm mit, Schwester!** Es kann sehr hilfreich sein, ein unterstützendes Netzwerk von Frauen aufzubauen, die ähnliche Ziele und Interessen haben. Es wurde beobachtet, dass Männer, wenn sie um Führungspositionen konkurrieren, sich gegenseitig unterstützen und andere Männer in ihre Netzwerke aufnehmen. Dadurch haben sie eine höhere Chance, gemeinsam in Führungspositionen aufzusteigen. Durch den Austausch von Erfahrungen, Ideen und Unterstützung kann man sich gegenseitig stärken und motivieren. Die Teilnahme an Mentoring-Programmen, Frauennetzwerken oder anderen beruflichen Gemeinschaften kann wertvolle Kontakte und Unterstützung bieten.

Also Ladys, lassen wir uns nicht von Konkurrenz und Rivalität beherrschen! Lasst uns zusammenhalten und uns gegenseitig ermutigen, denn wir sind stärker, wenn wir gemeinsam auftreten. Vergesst nie, dass wir miteinander Großes erreichen können, denn Konkurrenz ist auch nur ein anderes Wort für Potenzial mit einem extra Schuss Testosteron.

Business-Frauentypen:
Von Geschäftskatzen, Kontaktköniginnen, Planungsgöttinnen und Friedensstifterinnen

»*Trau dich, zu sein, wer du wirklich bist!*«

Willkommen in der Welt der Geschäftsfrauen, in der jede von uns ihr eigenes einzigartiges Flair und ihre individuelle Herangehensweise hat. Aber wusstest du, dass es tatsächlich vier verschiedene Business-Frauen-Typen gibt? Oft habe ich die Erfahrung gemacht, dass es für Teilnehmerinnen meiner Trainings und Coachings einen großen Vorteil bietet, ihre Stärken zu kennen und zu wissen, wie sie auf andere – insbesondere männliche Kollegen – wirken. Doch, liebe Powerfrau, lass mich gleich am Anfang klarstellen: Ich möchte Frauen keinesfalls in Schubladen stecken. Wir Frauen sind die wandelnden Verkörperungen der Vielseitigkeit, und genau das macht uns zu den Heldinnen unserer eigenen Geschichten. Wenn wir all unsere Facetten in vollen Zügen nutzen, können wir auch in einer männerreichen Business-Welt sehr erfolgreich agieren. Wir können den Raum betreten und das Chaos mit einem klaren Ziel vor Augen beherrschen. Gleichzeitig können wir mit unserem Charme und unserer inspirierenden Ausstrahlung Netzwerke aufbauen. Unser Verhalten als Business-Frauen hat eine magische Wirkung auf die Männerwelt. Sie sind oft erstaunt über unsere Fähigkeiten und unseren Charme.

Liebe Leserin, wirf einen Blick auf die nachfolgenden Beschreibungen und entdecke, welcher Business-Frauentyp am ehesten von dir verkörpert wird. Die unterschiedlichen Typen haben ihre ganz eigene Art, sich im Kontakt mit Männern im Business zu verhalten. Also mache dich bereit, in die Welt der weiblichen Business-Frauen einzutauchen und herauszufinden, welche du am besten repräsentierst.

Die Geschäftskatze: Wenn Eleganz und Krallen auf Macherqualitäten treffen

Wie ein Raubtier bewegt sie sich durch den Raum: elegant, zielstrebig und immer bereit, ihre Beute mit einem schnellen Sprung zu erlegen. Die Geschäftskatze – wie ich diesen Business-Frauentyp liebevoll nenne – ist eine aparte Erscheinung, die fasziniert und inspiriert. Sie gleicht einer Alpha-Lady. Sie betritt den Raum und lässt keinen Zweifel daran, wer hier das Sagen hat. Ihre Präsenz ist unverkennbar, sodass die männlichen Kollegen automatisch aufmerksam werden. Die Geschäftskatze hat eine Aura, die die Aufmerksamkeit auf sich zieht. Sie verkörpert Selbstvertrauen und Mut, gepaart mit Dominanz. Ihr Ruf eilt ihr wie ein Donnerhall voraus, denn sie ist eine Frau, die keine Angst hat, in der männlich dominierten Welt zu bestehen. Sie wird von ihren weiblichen Kolleginnen und ihren männlichen Mitstreitern bewundert für ihre Fähigkeit, ihre Weiblichkeit zu feiern und gleichzeitig ihr Geschäftsgeschick einzusetzen.

Mit einem festen Händedruck und einem selbstbewussten Blick in den Augen verkörpert sie Energie und Entschlossenheit. Eine Powerfrau, die bereit ist, die Welt zu erobern. Mit einem Blick kann sie die Stärken und Schwächen ihres Gegners erkennen. Wie eine geschickte Jägerin nutzt sie ihre Intuition, um die richtigen Chancen zu ergreifen und ihre Ziele zu erreichen. Ihr Outfit ist eine Mischung aus Eleganz und Stärke – ein maßgeschneiderter Anzug, der ihre Körpersprache unterstützt und ihre Autorität unterstreicht. Mit einer Stimme, die Befehle erteilen könnte, und einem Lächeln, das Herausforderungen annimmt, dominiert sie das Business-Geschehen. Sie ist eine wahre Königin der Entscheidungen und erwartet von sich und anderen Spitzenleistungen.

Die Geschäftskatze hat jedoch mehr als nur ein beeindruckendes Äußeres. Sie besitzt eine ausgeprägte Intelligenz und eine unersättliche Wissbegierde. Sie ist stets darauf bedacht, ihr Wissen zu erweitern, neue Strategien zu entwickeln und zieht viel Kraft aus ihrem Intellekt. Mit ihrer cleveren Herangehensweise kann sie Hindernisse überwinden und ihre Beute erfolgreich einfangen. Sie weiß sehr genau, wann sie ihre Krallen zeigen muss und wann sie mit Samtpfoten vorgehen kann. Stärke und Weiblichkeit gehen bei ihr Hand in Hand. Mit einem charmanten Lächeln und einem witzigen Kommentar lässt sie die männlichen Kollegen manchmal vergessen, dass sie überhaupt ein Mitspracherecht haben. Doch sie tut dies mit einem Augenzwinkern und einem Hauch von Humor, der zeigt, dass sie trotz ihrer Dominanz auch locker und sympathisch sein kann. Ihre Fähigkeit, Männer zu inspirieren und zu motivieren, macht sie zu einer herausragenden Führungspersönlichkeit. Die Geschäftskatze trifft Entscheidungen wie ein Blitz. Sie hat keine Zeit für endlose Diskussionen oder zögerliches Handeln. Mit ihrem messerscharfen Verstand und ihrem Instinkt geht sie direkt auf ihr Ziel zu. Für sie gibt es kein »Vielleicht« oder »Mal schauen«, sondern nur klare und schnelle Entscheidungen. Als wahrer Macher-Typ scheut die Geschäftskatze keine Herausforderungen. Sie ist bereit, die Ärmel hochzukrempeln und die Dinge selbst anzupacken. Sie lässt sich nicht von Rückschlägen entmutigen, sondern geht unbeirrt weiter.

Die Geschäftskatze stellt gern ihre eigenen Regeln auf. Diese Powerfrau macht ihr Ding und schert sich wenig darum, was andere denken. Wenn es um den Wettstreit mit Männern geht, ist die Geschäftskatze in ihrem Element. Sie liebt es, ihre Stärke und Fähigkeiten gegenüber der männlichen Konkurrenz zu zeigen. Sie ist wie ein Raubtier, das seine Krallen ausfährt und bereit ist, jeden Herausforderer zu besiegen. Für sie gibt es keine Geschlechtergrenzen – sie will sich an der Spitze behaupten, egal ob unter Männern oder Frauen. Ihr Motto: »Ich beherrsche das männliche Business-Spiel«!

Ein Miau, das CEOs erzittern lässt: Wenn Geschäftskatzen auf Männer treffen

Nun stellen wir uns mal vor, wie ein Mann auf eine Geschäftskatze trifft. Er betritt den Raum, selbstbewusst und vielleicht sogar überzeugt von seiner eigenen Männlichkeit. Doch dann trifft er auf diese Alpha-Frau. Sie steht da in ihrem maßgeschneiderten Anzug, der perfekt ihre Kurven betont, und ihre hochhackigen Schuhe verleihen ihr eine zusätzliche Autorität. Der Mann fühlt sich auf einmal wie ein Hündchen neben einer Löwin. Männer haben eine interessante Beziehung zu dieser Spezies. Sie bewundern ihren Mut, ihre Durchsetzungsfähigkeit und ihren scharfen Verstand, aber gleichzeitig spüren sie eine gewisse Bedrohung. Wenn Geschäftskatzen in einem männlich dominierten Territorium unterwegs sind, gibt es einige Herausforderungen, denen sie sich stellen dürfen.

- **Männerflucht und Gegenwind:** Männer, die nicht zu den klassischen Alpha-Männchen gehören, fühlen sich oft schnell von der Alpha-Frau überrollt und bedroht. Dies bringt Schwierigkeiten in der Zusammenarbeit mit sich, denn diese Männer meiden die Geschäftskatze. Sie ziehen sich zurück, um ihre Unsicherheiten zu verbergen und Konflikte zu vermeiden. Oder sie schmieden Allianzen als Gegenpol zur wahrgenommenen Dominanz dieser Geschäftsfrau. Geh offen auf diese Kollegen zu und zeige deine menschliche Seite! Das schafft Nähe und Sympathie und mindert emotionale Spannungen oder Konkurrenz.
- **Der Kampf der Erzrivalen:** Wenn eine Geschäftskatze auf ein Alpha-Männchen trifft, kann es zu einer interessanten Begegnung kommen. Beide haben starke Persönlichkeiten, sind selbstbewusst und nehmen gerne die Führungsposition ein. Es ist möglich, dass sie entweder als Rivalen um die Vorherrschaft in Konflikt geraten oder eine dynamische Partnerschaft bilden, in der sie ihre Stärken kombinieren, um gemeinsame Ziele zu erreichen. Beides hängt stark von den individuellen

Charakteren und der Art ihrer Interaktion ab. Lenke die Dynamik gern in die Richtung, die für dich vorteilhafter erscheint!

- **Small-Talk-Saboteurin:** Das direkte Vorgehen dieser Frau führt dazu, dass es auch für männliche Kollegen schwierig ist, eine kollegiale Beziehung aufzubauen. Indem sie auf Small Talk verzichtet und direkt zur Sache kommt, wird sie von ihren männlichen Mitstreitern oft als distanziert wahrgenommen. Hab gern die eine oder andere ernst gemeinte Frage an dein Gegenüber parat und zeig Interesse an seiner Person! Damit baust du eine zwischenmenschliche Beziehung am Arbeitsplatz auf und schaffst eine deutlich angenehmere Atmosphäre, in der man gern mit dir zusammenarbeitet.
- **Haare auf den Zähnen:** Bei einigen Männern besteht oft immer noch die Erwartung, dass Frauen sanft, zurückhaltend und harmonieorientiert sein sollten. Wenn sie sich selbstbewusst und entschlossen äußern, können sie als zu aggressiv oder dominant wahrgenommen werden. Sie bekommen schnell den Stempel »Die hat doch Haare auf den Zähnen« aufgedrückt. Ein absolut wirkungsvoller Geheimtipp ist ein echtes Lächeln im richtigen Moment. Es signalisiert Freundlichkeit, Offenheit und menschliche Wärme, ohne die eigene Entschlossenheit zu untergraben.

Selbst-Test: Wieviel Geschäftskatze schlummert in dir?

Je häufiger du bei den nachfolgenden Aussagen ein Häkchen setzt, desto ähnlicher bist du diesem Business-Frauentyp:

- ☐ Ich bin sehr mutig und nehme gerne Risiken auf mich.
- ☐ Ich treffe blitzschnell Entscheidungen, ohne lange zu zögern.
- ☐ Ich arbeite sehr eigenständig und handele oft auf eigene Initiative.
- ☐ Männliche Konkurrenz ist für mich eine Herausforderung, der ich mich gerne stelle.
- ☐ Ich liebe es, unter Männern eine führende Rolle einzunehmen und Verantwortung zu tragen.
- ☐ Ich bin sehr ehrgeizig und setze mir hohe Ziele.
- ☐ Ich genieße es, auch als einzige Frau in Meetings mit Männern sehr präsent zu sein.
- ☐ Ich vertrete meine Meinung sehr selbstsicher und stehe dafür ein.

Du bist eine Geschäftskatze? Herzlichen Glückwunsch! Du bist bereit, die Geschäftswelt mit deinen scharfen Krallen und deinem anmutigen Auftreten zu erobern. Mit einem majestätischen Schwung deiner Pfoten und einem neugierigen Blick, der keine Gelegenheit entgehen lässt, stehst du an der Spitze der Karriereleiter. Du bist einfach »katzen-tastisch«!

Du kannst wenig Ähnlichkeit mit diesem Business-Frauentyp entdecken? Keine Sorge. Hier kommt ein weiteres wunderbares Exemplar, mit dem du vielleicht eher in Resonanz gehst.

Die Kontaktkönigin: Warum sich Männer scharenweise in ihrem Netz verfangen

Die Kontaktkönigin betritt den Raum mit so viel Energie, dass man denken könnte, sie hat einen geheimen Vorrat an »Red Bull« in ihrer Handtasche. Männer können nicht anders, als von ihrer sprühenden Energie und ihrem positiven Spirit mitgerissen zu werden, denn sie verfügt über wunderbare Eigenschaften. Sie ist nicht nur mit ihrem auffälligen Outfit ein Blickfang, sondern auch mit ihrem strahlenden Lächeln und ihrer ansteckenden Begeisterung. Männer sind fasziniert von ihrer Kreativität und ihrem Ideenreichtum. Sie hat das Talent, Männer aus ihrer Komfortzone herauszulocken und sie dazu zu bringen, über den Tellerrand zu schauen. Mit ihrer charmanten Schlagfertigkeit und ihrer Fähigkeit, humorvolle Anekdoten zu erzählen, bringt sie Kollegen oft zum Lachen und schafft so eine lockere und produktive Atmosphäre. Ihr offener und zugänglicher Charakter macht es den männlichen Kollegen leicht, sich mit ihr zu vernetzen und Ideen auszutauschen. Mit ihrem Charisma, einem Funkeln in den Augen und einem Wirbelwind an Energie wirft sie Ideen wie Konfetti in die Runde. Auf Männer hat sie damit oft eine besonders anziehende Wirkung. Sie sprüht vor Ideen und Innovation, und wenn sie spricht, hört man förmlich das leise »Tadaa!« im Hintergrund. Sie ist die Verfechterin des kreativen Denkens und inspiriert ihr Team dazu, innovative Lösungen zu finden und das Unternehmen voranzubringen. Dieser Business-Frauentyp ist die Meisterin des Netzwerkens und hat ein magisches Händeschütteln, das Verbindungen schafft. Sie knüpft auch mit Männern Beziehungen wie keine andere und hat das Talent, sogar die verschlossensten Türen zu öffnen. Sie ist spontaner und weniger organisiert als die Geschäftskatze, aber sie ist auf ihre eigene Art genauso effektiv. Die Kontaktkönigin ist eine großartige Problemlöserin und in der Lage, ideenreiche Lösungen zu finden. Als wahre Wortakrobatin kann sie ihre Ideen klar und überzeugend vermitteln.

Die initiativstarke Business-Frau kleidet sich in einer Kombination aus Business-Chic und kreativem Style. Ihr Stil ist ein Mix aus modischen Mustern und auffälligen Accessoires. Sie tritt auf mit einem Outfit, das mutig und auffällig ist – ein künstlerischer Ausdruck ihrer Persönlichkeit. Die Kontaktkönigin hat keine Angst, mit Farben und Mustern zu experimentieren und ihre Outfits strahlen ihre lebhafte Persönlichkeit aus. Männer sind von ihr wie Motten vom Licht angezogen. Sie lassen sich in ihrem faszinierenden Kontaktnetz fangen, wenn sie ihre magischen Fäden spinnt. Ihr Motto lautet: »Showdown: Die Welt ist eine Bühne und ich spiele eine Hauptrolle.«

Von Missverständnissen und Quasselstrippen: Wenn Kontaktköniginnen auf Männer treffen

Und so könnte eine typische Begegnung mit einer Kontaktkönigin aussehen: Auf einer Networking-Veranstaltung oder einem geschäftlichen Event befinden sich Männer aus verschiedenen Branchen und Unternehmen. Die Kontaktkönigin betritt den Raum und ihre Energie ist sofort spürbar. Der Mann, der zufällig in ihrer Nähe steht, bemerkt sofort ihre Präsenz. Die Kontaktkönigin sieht den Mann und begrüßt ihn mit einem herzlichen Lächeln. Auch wenn sie ihn bisher noch nicht kennt, ergreift sie die Initiative. Sie erzählt eine humorvolle Anekdote oder teilt eine interessante Geschäftserfahrung, die sie gemacht hat. Der Mann fühlt sich wohl in ihrer Gegenwart und ist dazu angeregt, sich mit ihr über geschäftliche Themen auszutauschen. Klingt doch ausschließlich positiv, oder? Doch auch Kontaktköniginnen treffen auf Hürden und Herausforderungen, wenn sie in einem männlich dominierten Umfeld arbeiten.

- **Business-Flirtfalle und männliche Missverständnisse:** Es ist nicht selten der Fall, dass Männer die Anziehungskraft der Kontaktkönigin falsch interpretieren. Sie denken, dass sie persönlich an ihnen als Mann interessiert ist und dass sie bei ihr landen können. Doch hier liegt der Irrtum. Die Kontaktkönigin ist eine geschäftliche Powerfrau, deren Hauptinteresse in der Zusammenarbeit und im Austausch von Ideen liegt. Es ist rat-

sam, sich auf das geschäftliche Miteinander zu konzentrieren und die professionelle Ebene nicht zu verlassen.
- **Quasselstrippe unter Beobachtung:** Die Kontaktkönigin ist zweifelsohne ein Kommunikationstalent. Doch gibt es manchmal männliche Zweifel. Gemäß dem Motto »Viele Worte, nichts dahinter!« fragen sich ihre Kollegen, ob ihre Worte halten, was sie verspricht. Folgen ihren Worten auch Taten? Dieser Business-Frauentyp steht unter besonderer Beobachtung. Kontaktköniginnen liefern jedoch nicht immer sofort sichtbare Ergebnisse. Das liegt daran, dass innovative Ideen in der Umsetzung oft länger brauchen als alteingefahrene Geschäftspraktiken. So be careful, lady: Big brother is watching you!
- **Oberflächenzauber enttarnt:** Da die Kontaktkönigin gerne mit vielen Menschen interagiert und sich aufs Networking konzentriert, könnte der Eindruck entstehen, dass sie oberflächliche Beziehungen pflegt. Sie knüpft schnell Kontakte und kann manchmal leichte Gespräche führen, um möglichst viele Menschen einzubeziehen und sich zu vernetzen. Um den Eindruck oberflächlicher Beziehungen zu vermeiden, ist es hilfreich, sich an Details zu erinnern, die Kollegen in der Vergangenheit geteilt haben, und diese in späteren Gesprächen aufzugreifen.
- **Männerflucht und Small-Talk-Schlacht:** Die Kontaktkönigin ist ein Energiebündel, das den Raum mit Enthusiasmus und Begeisterung erfüllt. Doch manche Männer finden ihre quirlige Art übergriffig. Gemäß dem Motto »Da kommt sie wieder, die Quasselstrippe. Nichts wie weg!« meiden sie die Kontaktkönigin. Sie stiehlt ihnen einerseits die Show und möchte immer im Mittelpunkt stehen, was männliche Kollegen nerven kann. Andererseits ist vielen Männern die Fragerei der Kontaktkönigin zu viel, denn sie möchten nicht mehr preisgeben als nötig. Nutze deine feinen Antennen, um zu spüren, welche Inszenierung im jeweiligen Moment wirklich wirksam ist!

Selbst-Test: Wieviel Kontaktkönigin schlummert in dir?

Je häufiger du bei den nachfolgenden Aussagen ein Häkchen setzt, desto ähnlicher bist du diesem Business-Frauentyp:

- ☐ Ich bin jemand, der vor Energie sprüht und gerne im Mittelpunkt steht.
- ☐ Mir fällt es leicht, auch zu männlichen Kollegen Kontakte zu knüpfen.
- ☐ Ich bin unter männlichen Kollegen gut vernetzt und kenne den »Flurfunk«.
- ☐ Ich liebe es, neue Ideen zu entwickeln und Probleme mit einem innovativen Ansatz zu lösen.
- ☐ Ich bin sehr gesellig und bereit, auch in einer Männerrunde etwas zu unternehmen.
- ☐ Es fällt mir sehr leicht, mich verbal auszudrücken und die passenden Worte zu finden.
- ☐ Ich bin sehr gern auf Netzwerkveranstaltungen unterwegs.
- ☐ Soziale Kontakte sind für mich eine besondere Kraftquelle.

Du bist eine Kontaktkönigin? Das ist großartig! Schnapp dir dein imaginäres Krönchen und genieße es! Du bist die unangefochtene Meisterin des sozialen Netzwerkens, die Königin der Small Talks und die Heldin der Visitenkarten. Mit deinem magischen Händedruck knüpfst du Verbindungen, die stärker sind als das stärkste WLAN-Signal.

Du kannst wenige Gemeinsamkeiten mit diesem Business-Frauentyp entdecken? Keine Sorge, ich gebe nicht auf! Hier kommt das perfekte Gegenstück, das deine Vorlieben und Persönlichkeit vielleicht eher beschreibt.

Die Planungsgöttin: Wenn sie zum Zug kommt, gibt es immer einen Plan B

In der Geschäftswelt gibt es eine faszinierende Persönlichkeit, die für ihre akribische Arbeitsweise und ihre Liebe zu Zahlen und Fakten bekannt ist. Sie ist gewissenhaft, sorgfältig und liebt klare Routinen. Doch mit unerwarteten Veränderungen kann sie so ihre Probleme haben. Aber wer ist diese gewissenhafte Powerfrau mit einem Hang zur Planung? Trommelwirbel bitte: Es ist die Planungsgöttin! Diese geschäftüchtige Dame jongliert mit Zahlen, hält sich an Prozesse und liebt es, jeden Aspekt ihrer Arbeit im Voraus zu planen. Sie ist gewissenhaft, fleißig und stets darauf bedacht, sich weiterzuentwickeln. Dabei ist sie jedoch immer diplomatisch und achtet darauf, dass ihr Streben nach Perfektion niemals auf Kosten anderer geht. Die Planungsgöttin ist eine wahre Meisterin der Organisation. Sie schafft es, Projekte von Anfang bis Ende zu durchdenken und sicherzustellen, dass alles in geordneten Bahnen verläuft. Überraschende Änderungen gefallen ihr nicht. Diese geschäftige Lady hat eine Vorliebe für gut definierte Prozesse und ist die Meisterin der Effizienz. Mit ihrem Sinn für Ordnung und Struktur sorgt sie dafür, dass alles reibungslos läuft und nichts dem Zufall überlassen wird.

Kein Detail entgeht dieser Powerfrau. Sie denkt an alles und hat stets einen Plan B für jede Situation. Mit ihrer Fähigkeit, Eventualitäten zu berücksichtigen, ist sie die unverzichtbare Expertin für strategische Planung und erfolgreiche Umsetzung. Diese gewissenhafte Geschäftsfrau strebt stets nach Perfektion. Sie hat einen Blick für jedes noch so kleine Detail und gibt sich nicht mit halben Sachen zufrieden. Ihre Hingabe zur Präzision und ihr Streben nach Exzellenz machen sie zu einer wahren Perfektionsfee, die immer ihr Bestes gibt, um herausragende Ergebnisse zu erzielen. In ihrer Arbeit zeigt sie eine Akribie, die an ein menschliches Lineal erinnert. Sie ist die Königin der Organisation und stellt sicher, dass keine Fehler übersehen werden. Ihr Motto lautet: »Lieber einmal genauer hinschauen als etwas übersehen.«

Diese gewissenhafte Geschäftsfrau legt großen Wert auf ihr äußeres Erscheinungsbild und kleidet sich entsprechend professionell und anspruchsvoll. Ihr Stil ist klassisch und mit einem Hauch von Eleganz immer passend für den Anlass. Ihr Outfit strahlt Präzision und Raffinesse aus, als ob jeder Knopf und jede Falte perfekt platziert wären. Sie betritt den Raum mit einer ruhigen Ausstrahlung und einem Lächeln, das Vertrauen schafft, und trägt dabei gern den gefüllten Aktenordner lässig unterm Arm.

Wenn die Planungsgöttin zuschlägt: Herausforderungen für die Männerwelt

»Sie haben da etwas übersehen«, sagt die Planungsgöttin mit Entschlossenheit in ihrer Stimme. Unter ihrem Arm trägt sie einen Hefter, in dem ein Excelsheet mit vielen Zahlen sichtbar ist. Die gewissenhafte Powerfrau mit einem Hang zur Planung hat ihre Augen auf ein Detail gerichtet, das inmitten des hektischen Treibens übersehen wurde. Mit ihrer Liebe zu Zahlen und Fakten hat sie einen Fehler entdeckt, der möglicherweise weitreichende Auswirkungen haben könnte. Der männliche Kollege, genervt und leicht gereizt, stöhnt innerlich auf, da die Planungsgöttin wieder einmal einen Fehler im Detail entdeckt hat. Er findet ihre akribische Arbeitsweise zunehmend anstrengend und fragt sich, ob sie jemals zufrieden sein wird. Ihr ständiges Streben nach Perfektion und ihre Penibilität scheinen jedes Treffen zu einer endlosen Diskussion über kleinste Details werden zu lassen. Wenn die Planungsgöttin auf Kollegen und Vorgesetzte trifft, kann es schon einmal anstrengend für die männliche Spezies werden. Auch Planungsgöttinnen haben Herausforderungen im männlich orientierten Business zu meistern.

- **Nörgelnde Perfektionistin:** Die detailverliebte Planungsgöttin neigt dazu, Fehler gnadenlos aufzudecken – auch vor versammelter Mannschaft. »Immer hat die was zu meckern«, raunen die männlichen Kollegen, wenn sie kommt. Sie sieht ihre Aufgabe darin, Zahlen und Fehler zu finden, an der Lösung können die Kollegen aber schön selbst arbeiten. Dabei nimmt sie den Finger nicht aus der Wunde, bis ein Fehler beseitigt oder ein Detail genau beachtet wurde. Da alle Menschen Fehler machen, einige Kollegen diese aber nicht gern zugeben wollen, hat sie hier kein leichtes Spiel. Wenn du einen Fehler bemerkst, der behoben werden muss, ist es empfehlenswert, deine Kollegen in einem persönlichen Gespräch darauf anzusprechen. Außerdem kann das Paretoprinzip (80/20-Regel) in einigen Projekten eine nützliche Orientierung bieten.

- **Analytischer Eisblock:** Als Zahlen-Daten-Fakten-Business-Frau ist die Planungsgöttin sehr in ihrem Verstand unterwegs. Alles muss sachlich belegt werden. Der sensible Zugang zu ihrer Emotionswelt, die nicht auf Fakten, sondern Gefühlen basiert, fällt ihr schwerer. Sie zeigt sich ungern emotional und wirkt deshalb sachlich, nüchtern, steif und verschlossen. Es ist auch für männliche Kollegen schwierig, Kontakt mit ihr aufzunehmen. Zeig dich gerne häufiger von deiner menschlichen Seite! Das macht sympathisch und nahbar.

- **Verbissener Kontrollfreak:** Die Planungsgöttin hat ein starkes Bedürfnis nach Kontrolle über Situationen und Entscheidungsprozesse. Veränderungen oder Spontanität können sie beunruhigen, da sie dann ihre Kontrolle gefährdet sieht. Es ist allerdings utopisch, dass wir im Leben alles kontrollieren können. Ein Hang zur dauerhaften Kontrolle wirkt auf männliche Kollegen zwanghaft und verbissen. Auch wenn es schwierig erscheint, erinnere dich gern daran, dass viele große Erfolgsgeschichten auf einem Zufall basieren, der nicht geplant werden konnte.

- **Starre Routinen-Diva:** Die unflexible Planungsgöttin hält oft stur an etablierten Mustern, Prozessen oder Traditionen fest. Sie hat Schwierigkeiten, sich an neue Umstände anzupassen oder alternative Ansätze zu akzeptieren. Veränderungen werden oft widerwillig akzeptiert oder sogar abgelehnt, was zu Engstirnigkeit und einem Mangel an Anpassungsfähigkeit führen kann. In einer sehr dynamischen Business-Welt fällt es männlichen Kollegen oder Vorgesetzten schwer, sie mitzunehmen, denn wer nicht auf eine neue Reise gehen möchte, wird seinen Platz partout nicht verlassen. Bleib gerne offen für neue Möglichkeiten, denn sie können auch dich erfolgreich nach vorne bringen!

Selbst-Test: Wieviel Planungsgöttin schlummert in dir?

Je häufiger du bei den nachfolgenden Aussagen ein Häkchen setzt, desto ähnlicher bist du diesem Business-Frauentyp:

- ☐ Ich liebe es, mit Zahlen umzugehen.
- ☐ Es gibt immer einen Fehler, ich muss ihn nur finden.
- ☐ Klare Routinen, die sich nicht ändern, geben mir Halt und Struktur.
- ☐ Ich mag es nicht, wenn Kollegen spontan sind.
- ☐ Ich bin sehr gewissenhaft und durchdenke alles im Detail.
- ☐ Auf mich kann man sich 100-prozentig verlassen.
- ☐ Ich habe immer einen Plan B.

Du bist eine Planungsgöttin? Applaus! Du hast die einzigartige Fähigkeit, Projekte von Anfang bis Ende zu durchdenken und für klare Strukturen und geordnete Abläufe zu sorgen. Deine Liebe zum Detail und deine Gewissenhaftigkeit sind bewundernswert. Du bist die Meisterin der Organisation und lässt keine Fehler durchgehen. Prost auf eine Welt, in der alles nach Plan läuft!

Du hast dich auch in diesen Business-Frauentypen noch nicht wiedergefunden? Oje, jetzt wird's langsam eng! Einen Versuch haben wir noch. Weiter geht's!

Die Friedensstifterin: Der diplomatische Superkleber ist ihre Waffe

Die Friedensstifterin ist eine herausragende Persönlichkeit, wenn es um zwischenmenschliche Beziehungen geht. Ihr äußeres Erscheinungsbild, gekennzeichnet von Eleganz, vermittelt Professionalität und Seriosität. Doch was sie wirklich auszeichnet, ist ihr sanftes Lächeln, das eine vertrauensvolle Atmosphäre schafft. Besonders in der Kommunikation mit ihren männlichen Kollegen zeigt die Friedensstifterin ihre außergewöhnlichen Fähigkeiten. Sie ist einfühlsam und verständnisvoll und hat immer ein offenes Ohr für deren Anliegen und Bedürfnisse. Dadurch schafft sie eine Atmosphäre des Vertrauens, in der ihre Kollegen sich wohlfühlen und offen über ihre Anliegen sprechen können. Die Friedensstifterin ist bekannt für ihre diplomatische Art, mit der sie Konflikte lösen und ein angenehmes Arbeitsklima schaffen kann. Sie hat das Talent, verschiedene Standpunkte zu verstehen und einen Konsens zu finden, der für alle Beteiligten akzeptabel ist. Durch ihre diplomatische Vorgehensweise trägt sie maßgeblich zur Schaffung einer effizienten Arbeitsumgebung bei. Denn Vertrauen ist die produktivste Emotion unter Männern und Frauen.

Männer schätzen die gelassene und zugleich effektive Arbeitsweise der Friedensstifterin. Sie behält auch in stressigen Situationen einen kühlen Kopf und erledigt ihre Aufgaben mit Präzision. Doch nicht nur ihre Arbeitsweise wird geschätzt, sondern auch ihre Fähigkeit, ihre männlichen Kollegen mit aufmunternden Worten zu motivieren und wertzuschätzen. Die Friedensstifterin strahlt eine beruhigende Präsenz aus. Ihr klassisches und zurückhaltendes Outfit vermittelt Gemütlichkeit. Sie ist wie eine Meisterin der diplomatischen, zwischenmenschlichen Beziehungen. Mit ihrer einfühlsamen Natur ist sie die vertrauenswürdigste Ansprechpartnerin für ihre Kollegen. Sie hört aufmerksam zu und ist immer bereit, ihnen zu helfen und sie zu unterstützen. Ihre warmherzige Art sorgt für gute Zusammenarbeit und stärkt den Teamgeist. In stressigen Situationen bleibt die Friedensstifterin ruhig und gelassen. Sie wirkt wie ein weiblicher Superkleber, der das gesamte Team zusammenhält. Ihr harmonisches Auftreten und ihre teamorientierte Haltung sind der Schlüssel zur Stabilität und Ausgeglichenheit des Teams. Das Motto der Friedensstifterin lautet: »Liebe Kollegen, vertragt euch!«.

Friedensmission im Testosteron-Terrain: Wenn die Friedensstifterin auf Männer trifft

»Wir können das doch ganz in Ruhe klären, meine Herren«, sagt die Friedensstifterin in einem sanftmütigen Tonfall und versucht, zwischen den beiden Streithähnen zu vermitteln, die gerade in einem hitzigen, männlich aggressiven Verhalten eine Unterhaltung führen. Der Konflikt ist eigentlich nicht ihr Anliegen. Sie hat sich auf dem Weg zur Kaffeemaschine ungefragt in den Streit eingemischt. Die Kollegen halten kurz inne und werfen der Friedensstifterin genervte Blicke zu. Sie fühlen sich in ihrer Auseinandersetzung unterbrochen. Es ist doch ganz normal, auch mal lautstark Argumente auszutauschen, oder? Was will sie nur immer? »Wir können das ganz gut allein klären. Du musst dich nicht immer einmischen!«, antwortet der eine von ihnen. Er sieht ihre Harmoniebestrebungen als maximal störend an. So könnte eine typische Begegnung mit einer Friedensstifterin aussehen. Harmonie um jeden Preis ist unter männlichen Kollegen, die gern auch einmal aggressiver miteinander diskutieren, nicht immer erstrebenswert. Auch die Friedensstifterin hat in einem männlich dominierten Umfeld einige Hürden und Herausforderungen zu meistern.

- **Harmonie-Junkie:** Eine der Schwächen der Friedensstifterin besteht darin, dass sie manchmal den Wunsch nach Harmonie über alles andere stellt. Sie neigt dazu, Konflikte zu vermeiden oder unter den Teppich zu kehren, um die ruhige Atmosphäre zu bewahren. Oder sie greift in Konflikte ein, auch wenn diese möglicherweise für das Team oder die männlichen Teammitglieder bereichernd sein könnten. Indem sie versucht, sofortige Harmonie herzustellen, behindert sie den natürlichen Prozess des Konfliktlösens, der oft zu kreativen Lösungen führt. Schau dir gern einmal an, woran es liegt, dass du Spannungen nur schwer ertragen kannst, und löse dieses Thema – gern auch mit externer Hilfe –, damit Konflikte ihre negative Bedeutung für dich verlieren.

- **Weichspüler-Super-Soft:** Eine weitere Herausforderung für die Friedensstifterin liegt darin, dass sie oft dazu neigt, Probleme zu beschönigen oder abzumildern, indem sie eine Sprache verwendet, die von grammatikalischen Weichspülern durchzogen ist, wie beispielsweise dem Konjunktiv. In manchen Fällen traut sich die Friedensstifterin in einer eher aggressiven männlich geprägten Geschäftswelt nicht einmal, ihre eigene Stimme zu erheben. Ein Kommunikationstraining kann helfen, eine klare Sprache zu entwickeln und Kommunikationsfähigkeiten zu verbessern, insbesondere wenn es darum geht, Konflikte anzusprechen und selbstbewusst zu kommunizieren.

- **Tiefstaplerin:** Obwohl Bescheidenheit vermeintlich als Stärke betrachtet wird, kann sie in einigen Fällen auch als Schwäche der Friedensstifterin angesehen werden. Sie neigt dazu, ihre eigenen Bedürfnisse und Meinungen in einem männlichen Geschäftsumfeld zu vernachlässigen oder zu unterdrücken. Dies kann dazu führen, dass sie nicht wirklich mit dem, was sie möchte, zum Zug kommt und ihre eigenen Potenziale nicht voll ausschöpft. Versuch deine Bedürfnisse gern auch diplomatisch einzubringen! Aber vernachlässige sie nicht, nur um den lieben Frieden zu bewahren.

Selbst-Test: Wieviel Friedensstifterin schlummert in dir?

Je häufiger du bei den nachfolgenden Aussagen ein Häkchen setzt, desto ähnlicher bist du diesem Business-Frauentyp:
- ☐ Konflikte kann ich nicht leiden.
- ☐ Ich habe immer ein offenes Ohr für andere.
- ☐ Ich würde mir anvertraute Informationen niemals weitererzählen.
- ☐ Ich helfe den Menschen in meinem Umfeld gerne.
- ☐ Ich merke, wenn Streit in der Luft liegt, und versuche immer zu schlichten.
- ☐ Ich bin im Umgang mit Kollegen äußerst bedacht und diplomatisch.
- ☐ In harmonischen Teams fühle ich mich besonders wohl.
- ☐ Ich kann richtig gut zuhören.

Du bist eine Friedensstifterin? Hurra! Du bist die Meisterin der Diplomatie, der weibliche Superkleber unter männlichen Kollegen. Dein Lächeln schafft Vertrauen! Selbst in den turbulentesten Zeiten bist du der Fels in der Brandung. Du hast immer ein offenes Ohr und kannst bei Geheimnissen schweigen wie ein Grab. Also los, liebe Friedensstifterin! Verbreite Harmonie und lass die Diplomatie ihre Magie entfalten. Du bist der Schlüssel zu glücklichen und produktiven Teams. Auf eine Business-Welt, in der sich alle lieb haben!

Jetzt kennst du sie alle! Die Friedensstifterin, die Kontaktkönigin, die Planungsgöttin und die Geschäftskatze – sie alle haben einen einzigartigen Charme und können männliche Kollegen auch manchmal in den Wahnsinn treiben. Vielleicht hast du dich an der einen oder anderen Stelle ertappt gefühlt. Vielleicht hattest du einen besonderen Aha-Moment. Doch Mädels, seien wir ehrlich: Macken sind nur Special Effects, die das Business-Leben interessanter machen. Alle Business-Frauentypen haben wunderbare Stärken und kleine Eigenheiten, die das Arbeitsleben würziger machen. Ihre einzigartigen Persönlichkeiten und speziellen Eigenschaften sind das Salz in der Suppe, das den Geschmack und die Vielfalt von männlichen Teams immens bereichert.

Liebe Ladys, lasst uns die Welt mit unserer Vielseitigkeit überraschen! Von der Führung eines Teams über das Durchsetzen in Verhandlungen bis hin zum Präsentieren bahnbrechender Ideen – wir setzen den Standard und lassen dabei unsere feminine Power strahlen! Denn wer sagt denn, dass wir uns zwischen Erfolg und Weiblichkeit entscheiden müssen? Wir nehmen beides und schütteln es kräftig durch wie einen »Lady Martini«, bis es sich zu etwas Wunderbarem vermischt. Cheers!

4. Powerfrauen-Formel:
Hacks und Strategien für den Durchbruch in männlich dominierten Branchen

Alpha-Weibchen tragen High Heels: Wie du deine weiblichen Qualitäten raffiniert und stilecht nutzt

»Eine starke Frau verwischt nicht
den Unterschied zwischen Mann und Frau:
Sie setzt ihn gekonnt in Szene.«

Es ist Freitag und wie jeden letzten Tag der Woche »Casual Friday«. Ich bin gerade dabei, das Büro zu verlassen, packe meine Sachen zusammen und wühle in der untersten Schublade meines Schreibtisches nach meinen Schlüsseln. »Ihre Hose passt nicht«, hallen auf einmal die Worte meines damaligen Chefs durch das Büro und lassen meine Alarmglocken im Kopf schrillen. Anstatt einfach darüber hinwegzusehen, dass meine knappe Jeans in dieser hockenden Körperhaltung verrutscht ist und einen Teil meines unteren Rückens und leider auch meines Slips zeigt, lehnt mein Chef genüsslich grinsend an der Säule hinter meinem Schreibtisch und wartet auf eine Antwort auf sein unverschämtes Statement. Das Tastaturklackern und die allgegenwärtigen Geräusche im Großraumbüro, in dem 30 Mitarbeiter sitzen – davon 28 Männer – verstummen schlagartig. Selbst das leiseste Flüstern wäre wie ein Donnergrollen erschienen. Die Spannung im Raum ist greifbar, als ich langsam aufstehe, meine

Hose hochziehe und mich selbstbewusst aufrichte. Ein freches Grinsen erhellt mein Gesicht, als ich kontere: »Nun, meine Herren, es scheint, als hätte meine knackige Jeans eine überraschende Wirkung auf die männliche Produktivität hier im Büro. Aber keine Sorge, ich werde sicherstellen, dass mein Outfit ab sofort keinen Einfluss auf eure Arbeit hat. Schließlich wollen wir doch alle ins Wochenende, oder nicht?«

Ein Moment der Stille erfüllt das Büro, bevor meine Kollegen plötzlich in ein schallendes Gelächter ausbrechen. Mein Chef, sichtlich perplex, versucht, seine Fassung wiederzufinden und stammelt: »Das war nicht so gemeint. Dann machen Sie mal Schluss für heute, Frau Leinweber.« Mit einem breiten Grinsen auf den Lippen schnappe ich mir den Schlüssel, den ich nun endlich gefunden habe, während sich wieder Betriebsamkeit im Raum breitmacht, und verlasse das Büro. Doch meinem Chef rufe ich noch schnell zu: »Danke, Herr Schneider. Ich wusste schon immer, dass Sie ein Auge für Details haben. Einen schönen Feierabend!«

> *»Ganz entscheidend ist die Frage: Wie möchte ich wahrgenommen werden? Wenn ich als kompetent, zuverlässig und auf Augenhöhe agierend wahrgenommen werden möchte, dann werde ich nicht im ›Disco-Bauch-Frei-Top‹ auftreten.«*
> DORIS

In unseren Kleiderschränken hängt Kleidung in drei verschiedenen Größen für vier verschiedene Jahreszeiten, doch für uns ist oft nichts Passendes dabei. Sollten wir Frauen es auch immer so handhaben wie Steve Jobs, Marc Zuckerberg oder Barack Obama, die immer die gleichen Klamotten anziehen, um früh morgens nicht zu viel Energie zu verschwenden und keinen modischen Fauxpas zu begehen? Wohl kaum! Wie langweilig und monoton wäre das morgendliche Ankleideritual, wenn man sich nicht fragen könnte, ob der Rock zu den Pumps und der Blazer zum Top passt. Doch was ziehen wir denn nun am besten als Frau an, wenn wir tagein, tagaus von vielen männlichen Kollegen umgeben sind?

Kleider machen Ladys: Warum Frauen die Hosen anhaben

8:25 Uhr morgens in Frankfurt: Aus dem S-Bahn-Schacht der Station »Taunusanlage« kommen Frauen in eleganten schwarzen Hosenanzügen. Sie strömen über den Vorplatz der Banken in die Wolkenkratzer der Main-Metropole. Das typische Outfit: Ein Blazer in klassischer Schnittform, eine gerade geschnittene Hose, die an den Oberschenkeln etwas enger anliegt und sich schmal nach unten verjüngt, ergänzt durch Pumps aus dunklem Leder, weder zu hoch noch zu flach. Das ist der typische Look in Frankfurt am Main, der jeden italienischen Modedesigner in den Wahnsinn treiben würde.[60] Dieser Look gehört zur Geschäftsfrau in Deutschland wie die traditionelle Schürze zur deutschen Hausfrau in den 1950er-Jahren. In ihren Uniformen wirken die Frauen fast wie Ameisen – eine ähnelt der anderen: schwarz, unauffällig, flink. Wenn Unternehmen nicht länger reine Männerdomänen sein sollen, dürfen Frauen nicht länger den Eindruck erwecken, sie seien Männer. Doch warum dürfen Frauen in Deutschland keine weiblichen Signale senden? Wie viel Weiblichkeit darf eine Business-Frau zeigen, ohne dass ihr Gegenüber sie für inkompetent hält?

> *»Ich trage gerne bequeme Kleidung. Es entspricht einfach mehr dem männlichen Standard. Das bedeutet jedoch nicht, dass man sich davon abhalten lassen sollte, Kleider oder rote Pumps zu tragen und sich zu schminken. Wenn eine Frau das tragen kann, dann ist das großartig.«*
> SABRINA

In Deutschland scheinen Weiblichkeit und beruflicher Erfolg oft nur schwer vereinbar zu sein. Frau darf kein bisschen Haut zeigen und keine femininen Signale senden.[61] Ein Rock wird eher gemieden, stattdessen bevorzugt man einen Hosenanzug mit einem androgynen Schnitt. Ganz anders sieht es international, z.B. in Frankreich, aus. Dort tragen Frauen Farben und im Beruf viel häufiger Röcke.

Unsere Kleidung sagt viel über uns aus und beeinflusst, wie andere uns wahrnehmen. Kleider machen Ladys und dies sogar wortwörtlich. Oft beobachte ich in männlichen Business-Bereichen Frauen, die sich in ihrer Erscheinung und in ihrem Kleidungsstil komplett den männlichen Kollegen angepasst haben. Es sieht so aus, als ob einige Business-Ladys den Abzweig zur Damenabteilung verpasst und einen ausgiebigen Einkaufsbummel in der Herrenabteilung gemacht haben. Doch Mädels, ihr müsst euch nicht verstecken! Zeigt eure Weiblichkeit stolz, auch in der Welt der Anzüge und Krawatten! Wer sagt, dass man nicht gleichzeitig stark und feminin sein kann? Warum sollten wir uns in einem Meer aus langweiligen Anzügen und einfarbigen Blusen verlieren, wenn wir die Chance haben, unseren eigenen Stil zu präsentieren? Seid mutig, seid einzigartig und lasst eure Kleidung euren femininen Charakter widerspiegeln! Also Ladys, zieht wieder Röcke an und rock(t) die Welt!

Dress for Success: Wie dein Outfit deine Wirkung auf andere beeinflusst

Die Art und Weise, wie wir uns kleiden, kann einen erheblichen Einfluss darauf haben, wie wir von männlichen Kollegen wahrgenommen werden. Unsere Kleidung kann nicht nur unseren persönlichen Stil widerspiegeln, sondern auch auf bewusster oder unbewusster Ebene Informationen über unsere Professionalität, Kompetenz und Arbeitsmoral vermitteln. Heißt das jetzt, einmal das falsche Outfit getragen und das war es dann? So einfach ist es dann doch nicht! Im Folgenden nenne ich einige Aspekte dessen, was unsere Kleidung über uns sagen kann, sowie wissenschaftliche Studien, die diese Aussagen unterstützen.

»Meine Teams haben anhand meiner Kleidung erahnen können, welche Art von Terminen oder Aufgaben ich an einem bestimmten Tag habe. Das zeigt, wie Kleidung oft eine Form der Kommunikation ist. In Situationen, in denen ich beispielsweise an Management-Meetings teilnehme, trage ich einen Hosenanzug oder zumindest dunkle Jeans, eine Bluse und einen Blazer.«

ELENA

Von Sneakers bis zum kleinen Schwarzen: Was deine Kleidung über deine Persönlichkeit verrät

Die Art und Weise, wie wir Frauen uns kleiden, kann viel über unsere Persönlichkeit und unseren individuellen Stil aussagen. Dies kann in einer Reihe von Situationen hilfreich sein, z. B. bei Vorstellungsgesprächen oder in Meetings, in denen du eine der wenigen Frauen bist. Kleidung kann ein wirkungsvolles Mittel sein, um bestimmte Persönlichkeitsmerkmale wie etwa Extraversion, Gewissenhaftigkeit und Offenheit zu unterstreichen. Frauen mit einer extravertierten Persönlichkeit neigen dazu, auffälligere und farbenfrohere Kleidung zu tragen und sich mit Schmuck und Make-up zu schmücken. Introvertiertere Frauen kleiden sich eher klassisch, dezent und schlicht, ohne großes Aufsehen erregen zu wollen. Frauen mit einer offenen Persönlichkeit ziehen gern einzigartige und interessante Kleidung an.

Die Farbwahl in der Kleidung kann ebenfalls viel über die Persönlichkeit einer Frau verraten. So werden Frauen, die häufig dunkle Farben wie Schwarz oder Dunkelblau tragen, als selbstbewusst, mysteriös oder sogar etwas reserviert wahrgenommen. Auf der anderen Seite signalisieren helle, lebhafte und kraftvolle Farben wie Rot, Gelb oder Orange eine starke, fröhliche und lebensfrohe Persönlichkeit. Man stelle sich nur vor, Wonder Woman würde statt in ihrem ikonisch rot-goldenen Outfit plötzlich in einem komplett schwarzen Anzug auftauchen. Die Welt der Superhelden wäre in Aufruhr! Die männlichen Bösewichte wären komplett verwirrt und würden sich wahrscheinlich fragen, ob sie nun auf die dunkle Seite der Macht gewechselt ist. Sie würde nach einem Abenteuer in ihrem schwarzen Outfit ganz sicher wieder zum klassischen Look zurückkehren und uns alle mit einem Augenzwinkern sagen: »Manchmal muss Frau eben etwas Farbe ins Spiel bringen!«

> *»Wenn ich mich fürs Büro, die Universität oder öffentliche Veranstaltungen kleide, denke ich immer darüber nach: Ist der Rock zu kurz, das Kleid zu eng, der Ausschnitt zu tief? Kann ich hohe Schuhe tragen? In der Regel finde ich einen guten Kompromiss, bei dem ich mich wohl, schön und professionell fühle.«*
>
> STEFANIE

Ich bin mir sicher, dass du bereits einen eigenen geschmackvollen Kleidungstil hast. Der beste Weg, deine Persönlichkeit durch Kleidung zum Ausdruck zu bringen, besteht darin, zu experimentieren und herauszufinden, was für dich weiblich und stilecht funktioniert. Das heißt nun leider nicht, dass du deinen kompletten Kleiderschrank ausmisten musst. Vielleicht sollten wir einfach den alten Spruch beherzigen: »Vier Augen sehen mehr als zwei!« Anstatt uns in wilde Online-Shopping-Abenteuer zu stürzen, sollten wir vielleicht um den modischen Blick einer vertrauten Person bitten. Also, schnapp dir eine Freundin oder einen Freund und lass uns das Beste aus dem machen, was wir im Schrank haben – mit oder ohne wilde Shopping-Exzesse!

Mit Weitblick an die Spitze: Warum Brillenträgerinnen die Chefsessel erobern

Ja, ich gebe es zu: Ich bin blind wie ein Maulwurf – genauer gesagt, wie ein Maulwurf-Weibchen. Mein Bedürfnis nach Korrekturgläsern oder Kontaktlinsen ist groß! Ohne Brille könnte ich leicht in meiner eigenen Wohnung verloren gehen. Ich bin der lebende Beweis, dass die Evolution ihre Arbeit manchmal nicht ganz richtig macht. Warum genau erwähne ich jedoch das Maulwurf-Weibchen? Maulwürfe sind fast blind. Doch in der »Maulwurf'schen« Gesellschaft sind die Weibchen die Chefs. Sie sind die Anführer, die Kämpfer, die Entscheidungsträger. Erfolgreich trotz Sehschwäche? Und ob! Und das ist nicht nur im beschaulichen Leben eines Maulwurfs so! In der Geschäftswelt gibt es eine wachsende Tendenz, Frauen, die Brillen tragen, in Führungspositionen anzutreffen. Die Daten scheinen zu bestätigen, dass diese Frauen nicht nur erfolgreich sind, sondern auch die Spitzenpositionen in ihren jeweiligen Organisationen erreichen. Aber warum ist das so?

Zunächst ist es wichtig zu betonen, dass Brillen weit mehr sind als nur ein Sehhilfsmittel. Sie sind ein persönliches Accessoire, das einen wesentlichen Einfluss auf die Wahrnehmung einer Person haben kann. Brillen können das Image einer Person positiv beeinflussen und oft auch zu einer erhöhten Wahrnehmung von Kompetenz, Professionalität und Intelligenz führen. In einer Welt, die sich auf den ersten Eindruck konzentriert, kann dies einen erheblichen Unterschied machen. Brillen gelten auch als Symbol für Durchsetzungskraft und werden oft mit einer analytischen und fokussierten Denkweise in Verbindung gebracht. Es ist nicht verwunderlich, dass Frauen, die eine Brille tragen, als intelligenter, kompetenter und vertrauenswürdiger wahrgenommen werden. Ihnen wird zugetraut, komplexe Probleme zu lösen und strategische Entscheidungen zu treffen – Schlüsselqualitäten für jede Führungskraft.

Tatsächlich wurde bereits von der Wissenschaft untersucht, ob Brillenträgerinnen wirklich schlauer sind als Menschen ohne Sehschwäche.[62] Die Forscher untersuchten, wie sich kognitive Fähigkeiten – so z. B. unsere Lernfähigkeit, Vorstellungskraft und Kreativität – zu unseren Genen verhalten. Wer hätte es gedacht: Eine besondere Auffälligkeit gab es bei der Sehschwäche. Frauen, die eine Brille brauchten, weisen mit größerer Wahrscheinlichkeit höhere IQ-Werte auf. Frauen, die kurzsichtig sind, haben eine 30 % höhere Chance, intelligenter zu sein als Ladys mit guten Augen.[63]

Brillen machen Menschen jedoch nicht intelligenter, kompetenter oder vertrauenswürdiger. Sie lassen die Menschen einfach nur anders aussehen. Also, meine Damen, es sieht so aus, als ob wir alle ein bisschen »Maulwurf«-blind sein dürfen, wenn es um eine Brille, jedoch nicht um die Karriere geht. Wenn eine Brille den Unterschied zwischen der Präsidentensuite und dem Kellerbüro ausmachen kann, warum sollten wir dann nicht ab und an zum diesem nützlichen und schönen Accessoire greifen?

Klamotten statt IQ-Test: Wie dein Outfit deine geistige Leistung steigert

Unsere Kleidung kann auch Informationen über Professionalität und Kompetenzversprechen vermitteln. Oft werden Personen in formeller Kleidung wie Anzügen oder dem typischen Business-Look als finanziell erfolgreicher und kompetenter im Vergleich zu Personen in Freizeitkleidung wahrgenommen. Dieser Effekt trifft nicht nur auf Männer zu, sondern natürlich auch auf Frauen: Ein edles und smartes Kostüm wirkt wie ein Anzug. Hauptsache formell. Grau, dunkelblau und schwarz sind die formalsten Farben und gelten in den konservativen Arbeitsbereichen – Bankwesen oder Juristerei – (leider) immer noch als State of the Art. Es gibt auch immer mehr Forschungsergebnisse, die darauf hindeuten, dass die Kleidung, die wir tragen, unsere kognitive Leistung, unser Selbstvertrauen und die Art und Weise, wie andere uns wahrnehmen, beeinflussen kann. Eine Studie ergab beispielsweise, dass Menschen, die formelle Kleidung trugen, eher als kompetent und vertrauenswürdig angesehen wurden und auch bei kognitiven Aufgaben besser abschnitten. Je formeller die Teilnehmer:innen anzogen waren, desto besser konnten sie abstrakte Prozesse erfassen, sich mit der strategischen Gesamtlage beschäftigen und weniger in Detailfragen verlieren. Sie dachten eher abstrakt, weniger konkret und sahen Probleme mehr aus der Vogel- und weniger aus der Froschperspektive.[64] Studienteilnehmerinnen mit der weiblichsten Kleidung wurden in Bezug auf ihre Dominanz und Kompetenz hingegen sehr niedrig eingeschätzt.[65] Es gibt ihn also – einen Zusammenhang zwischen Kleidung und unserem Denken.

Das bringt uns Frauen zu einer wichtigen Erkenntnis: Die tägliche Kleiderwahl ist nicht nur eine Frage des Stils, sondern auch des Denkens! Wer behauptet, dass Klamotten keine Wunder bewirken können, hat sich gründlich getäuscht – die Leistungsfähigkeit steigt mit jedem eleganten Kleidungsstück. Wenn wir an einem Tag vorhaben, uns mit großen Plänen und strategischen Entscheidungen auseinanderzusetzen, sollten wir in Erwägung ziehen, einen schicken klassischen Anzug anzuziehen. Also Ladys, lasst uns unsere Kleiderschränke mit einer Prise Professionalität und einem Hauch von Stil aufmischen. So können wir unseren Geist in die richtige abstrakte Denkweise versetzen und uns von kleinen froschperspektivischen Hindernissen nicht aus dem Konzept bringen.

Dresscode der Macht: Mit der richtigen Kleidung in die Chefetage

Unsere Kleidung wird oft auch mit einer Vermutung über unsere Führungspersönlichkeit verbunden. Turnschuhe bei einer Produkteinführung, eine Lederjacke beim Treffen von Staatsoberhäuptern, eine Sonnenbrille bei einem offiziellen Empfang – während die Medien auffällige Kleidung bei Führungskräften begrüßen, bleibt unklar, wie diese extravagante tägliche Kleidungspraxis ihre Wirkung im Geschäftsalltag beeinflusst. Um diese Lücke zu schließen, gibt es eine Studie, die sich damit befasst, wie sich die Kleidung auf die Wahrnehmung und die Zustimmung zu einer Führungskraft auswirkt.[66] Die Studie zeigt, dass – wie bereits erwähnt – formelle Kleidung zu Zuschreibungen von Kompetenz und Eignung führt. Je maskuliner die Bekleidung bei Frauen, desto höher werden Fähigkeiten wie Durchsetzungsvermögen oder angemessene Aggressivität bewertet – und dadurch letztlich auch die Eignung für den Chefsessel.[67] Eine überraschende Erkenntnis war jedoch, dass Führungskräfte mehr Zustimmung erhielten, wenn ihr Kleidungsstil im Gegensatz zur Unternehmenskultur stand. Charismatische Führungskräfte heben sich oft durch ihre Kleidung von der Masse ab, was sie besonders anziehend macht. Dies ist ein weiterer Pluspunkt für besonders weibliche Kleidung in Männerdomänen, in denen sonst Hosen getragen werden. Wir können unseren Kleidungsstil also gezielt einsetzen, um den Eindruck, den unsere Kollegen von uns haben, zu gestalten.

Vielleicht sollten wir ab jetzt unseren Kleiderschrank mit einem ganz anderen Blick betrachten und kreative Outfit-Kombinationen ausprobieren. Plötzlich wird der blaue Rock zum weißen Top zum Must-have-Ensemble, denn hey, Weiß und Blau sind die Farben des Unternehmenslogos! Aber Spaß beiseite, der Kontext ist in der Tat der Schlüssel. Formelle Kleidung lässt eine Führungskraft oft prototypischer erscheinen und erntet mehr Anerkennung. In vielen Unternehmen ist der klassische Look immer noch die beste Wahl. Er signalisiert Professionalität, Autorität und die Bereitschaft, die Dinge ernsthaft anzugehen. Ein makellos sitzender Hosenanzug ist nicht nur ein Kleidungsstück, sondern ein Statement und kann die klare Botschaft vermitteln: »Ich bin hier, um die Führung zu übernehmen.« Diese Botschaft erstreckt sich über Projekte, Teams und das gesamte Unternehmen.

Was lernen wir daraus, liebe Damen? Besonders für Frauen in Führung ist es scheinbar wichtig, morgens nicht einfach nur beherzt in den Kleiderschrank zu greifen, sondern gern auch die Erkenntnis im Kopf zu haben, dass formelle Kleidung führungsstark wirkt. Am Ende des Tages geht es jedoch nicht nur um die Kleidung. Diese kann lediglich dazu beitragen, den ersten Eindruck zu verstärken. Es ist das Gesamtpaket aus Kompetenz, Charakter und Stil, das eine Führungskraft wirklich auszeichnet. Doch liebe Damen, wenn die Farben der Corporate Identity unserer Weiblichkeit schmeicheln und unser Aussehen verschönern, dürfen wir diese natürlich ganz uneigennützig mit High Heels kombinieren. Auf in die Chefetage! Und zwar ganz stilecht!

Nackte Tatsachen oder stilvolle Andeutungen: Wenn Sex-Appeall zum Stolperstein wird

Es gibt auch einige spezifische Unterschiede hinsichtlich dessen, wie Frauen wahrgenommen werden, die viel Haut zeigen. Frauen, die freizügige Kleidung tragen, werden eher als sexuell attraktiv wahrgenommen als Frauen, die weniger freizügig herumlaufen. Dies ist wahrscheinlich darauf zurückzuführen, dass freizügige Kleidung häufig einem sexuellen Lockruf gleichkommt. Doch jetzt mal unter uns: Wollen wir das wirklich im beruflichen Kontext?

> *»Bei uns gibt es Uniformen für Männer und Frauen.*
> *Männerhosen sind weiter und ich trage sie lieber.*
> *Mit den engeren Frauenhosen müsste ich wahrscheinlich*
> *mehr Sprüche meiner Kameraden ertragen.«*
>
> JENNY

Wenn Frauen in einem geschäftlichen Umfeld zu viel Haut zeigen, kann dies eine Reihe von negativen Folgen haben. Erstens kann es sie unprofessionell und weniger kompetent erscheinen lassen. Zweitens kann es sie zur Zielscheibe unerwünschter Aufmerksamkeit von männlichen Kollegen und Kunden machen. Frauen, die sich aufreizend kleiden, werden auch eher als weniger kompetent angesehen. Sie werden in Sitzungen sogar eher unterbrochen und übergangen und von ihren männlichen Kollegen seltener ernst genommen.[68] Das ist natürlich eine absolut blöde Situation, in der wir Frauen uns befinden, gerade dann, wenn wir doch in einer Männerbranche durchstarten wollen. Doch sieh es mal mit Humor: Vielleicht verschaffen uns unsere Ausschnitte unbeabsichtigt mehr Aufmerksamkeit und Redezeit, weil die männlichen Teilnehmer im Meeting so fasziniert sind, dass sie vergessen, worüber sie überhaupt sprechen wollten?

Doch zurück den nackten Tatsachen: Wir Frauen müssen keineswegs immer streng und bieder gekleidet sein. Ich selbst schätze es, hin und wieder auch Outfits zu tragen, die etwas Haut zeigen und eine gewisse Verführung ausstrahlen. Allerdings wähle ich solche

Looks eher für private Anlässe und nicht gerade dann, wenn der wichtigste Pitch des Jahres ansteht. Könnte das auch für dich eine Überlegung wert sein?

Abenteuer High Heels: Warum wir in hohen Absätzen mutiger werden

Ach, die wunderbare Welt der Schuhe! Flache Ballerinas, Budapester, Stilettos, Pumps oder High Heels? »Frauen verwenden zu viel Zeit damit, Schuhe zu kaufen, auszuwählen und anzuprobieren« – so der oft nicht ausgesprochene, aber vielfach gedachte Gedanke in männlichen Reihen. Was viele Männer allerdings nicht wissen: Schuhe sind Rudeltiere. Und da wir Frauen gerne um den Zusammenhalt in der Gruppe bemüht sind, wissen wir auch: Nur ein einziges Paar im Schrank kann unglücklich machen! Für uns Frauen sind sie nicht nur ein Accessoire, sondern ein geheimes Werkzeug des »Power-Dressings«. Denn seien wir ehrlich, es geht nicht nur um die Kleidung, sondern auch um die Wahl des richtigen Schuhwerks im Business. Und ja, Absätze sind dabei unsere unsichtbaren Assistenten, die uns dabei helfen, die Karriereleiter zu erklimmen. Mit jedem Klick-Klack unserer Absätze auf dem Büroflur erzielen wir Wirkung. 31 % der Frauen in Deutschland und Frankreich tragen gerne hohe Absätze, in Italien ist es dagegen mehr als die Hälfte. Frauen, die Schuhe mit Absätzen tragen, geben an, diese insbesondere bei der Arbeit zu tragen. Die meisten anderen Frauen reservieren sie nur für besondere Anlässe.[69]

> »Mit hohen Schuhen kann ich auf Augenhöhe mit meinen männlichen Kollegen kommen, im wahrsten Sinne des Wortes. Wenn der Kollege 1,95 Meter groß ist, bin ich zwar immer noch kleiner, aber mit High Heels immerhin 8 cm größer. Das kann einen Unterschied machen!«
> ELENA

In vielen Berufszweigen vom Luxuseinzelhandel und den Fluggesellschaften bis hin zu Investmentbanken und Gerichtssälen gelten Absätze nach wie vor als die professionelle Wahl für uns Frauen. In einigen Ländern, darunter das Vereinigte Königreich, Japan und Israel, können Unternehmen Frauen rechtmäßig wegen Fehlverhaltens entlassen, wenn sie sich weigern, Absätze zu tragen.[63] Manche mögen denken, dass wir Frauen verrückt sind, stundenlang auf Stöckelschuhen herumzulaufen. Aber hey, wer sagt denn, dass wir es uns leicht machen wollen? Wir nehmen die Herausforderung an! Schließlich wissen wir, dass wir mit Absätzen nicht nur unsere Größe erhöhen, sondern auch mutiges Verhalten im Business fördern. Aber stimmt das wirklich?

Es gibt in der Tat einen Zusammenhang zwischen dem Tragen von Absätzen und dem Treffen von mutigen Entscheidungen: In einer Studie, in der die Teilnehmerinnen nach dem Zufallsprinzip entweder hohe Absätze oder flache Schuhe tragen sollten, wurden die Frauen gebeten, eine Reihe von Aufgaben zur Risikowahrnehmung und Entscheidungsfindung zu lösen. Die Ergebnisse der Studie zeigten, dass die Frauen, die hohe Absätze trugen, eher dazu neigten, riskantere Entscheidungen zu treffen, selbst wenn diese nicht in ihrem Interesse waren. So verspielten sie beispielsweise eher mehr Geld und gingen beim Autofahren mehr Risiken ein oder neigten dazu, in riskantere Anlagen zu investieren.[64] Ob das mutig ist oder nicht, liegt im Auge der Betrachterin.

Wir Frauen dürfen uns gern bewusst darüber sein, dass Stöckelschuhe nicht nur ein modisches Accessoire sind, sondern durchaus einen Einfluss auf unser Verhalten im Geschäftsleben haben. Also, liebe Damen, bereichern wir unsere Schuhsammlung und steigen mit Stil auf unserer Karriereleiter nach oben. Schließlich wissen wir nun: In der Welt des Business zählt nicht nur, was wir sagen, sondern auch, was wir an unseren Füßen tragen. Was bin ich persönlich froh, über diese Erkenntnis! Absätze sind unser Geheimnis, zumindest bis zur nächsten Fußmassage!

Und wie wichtig ist nun die Lady, die in Bluse und Rock, Kleid oder Anzug steckt? Es ist unfassbar hilfreich, alle Einflussfaktoren zu kennen und zu wissen, wie unsere Kleidung auf männliche Kollegen und auf uns wirkt. Doch Einflussfaktoren hin oder her, wir sind keine Modepuppen, die sich verbiegen wollen. Es gibt Tage, da öffnen wir den Kleiderschrank und fühlen uns vielleicht einfach nach Leggings, Shirt und Ballerinas, ohne uns Gedanken über die Wirkung im Außen machen zu wollen! Let's face it: Am Ende des Tages ist doch die wunderbare Frau in den Klamotten der wahre Star der Show! Die Kleidung kann einen Eindruck vermitteln, aber sie kann nicht deine wahre Einzigartigkeit und Bedeutung erfassen. Kleidung kann wie Bühnenrequisiten sein, aber sie kann niemals die Hauptdarstellerin übertreffen. Also zeig in der Business-Welt deinen männlichen Kollegen, wer du wirklich bist, und drücke deine Weiblichkeit mit modischer Eleganz aus. Ob du dich für Jeans und Blazer oder einen schicken Rock und ein Top entscheidest – mit deinem eigenen Stil strahlst du immer wie ein Highlight!

Style like a Goddess: Fashion-Hacks für Frauen in männerreichen Branchen

Vielleicht fragst du dich jetzt auch: »Was zur Hölle soll ich denn jetzt anziehen?« Die Wahl des richtigen Outfits kann in männerreichen Branchen zur echten Herausforderung werden. Zwischen Anzügen, Blusen, Röcken, Kleidern und High Heels verirrt man sich schnell im Dschungel der modischen Entscheidungen. Es gibt keine absolut richtige oder falsche Art, sich zu kleiden, aber es gibt allgemeine Erwartungen und einige »ungeschriebene Regeln«, die wir Frauen beachten sollten. Also keine Sorge, ich lass dich nicht allein vorm Kleiderschrank hängen. Hier kommen die besten »Dress for Success«-Tipps, damit du im Business unter Männern nicht nur erfolgreich, sondern auch weiblich und stilvoll dein Ding durchziehen kannst. Wir sind mehr als schöne Puppen, wir sind Powerfrauen, die ihren Weg gehen und die Welt im Sturm erobern. In angemessener Kleidung natürlich, versteht sich. Also schnall dich an und lass uns gemeinsam dem »Was zieh ich bloß an?«-Drama den Kampf ansagen!

#Anlass: Dein Auftritt bei wichtigen Business-Anlässen

Du möchtest eine Präsentation vor dem CEO halten? Ein Kundenmeeting steht an? Oder vielleicht ein wichtiger Pitch? Keine Panik, denn die richtige Kleidung kann dir dabei helfen, selbstbewusst und professionell aufzutreten. Für formelle Anlässe, bei denen du sehr professionell und selbstbewusst wirken möchtest, ist ein gut geschnittener Anzug die perfekte Wahl. Denn nichts sagt »Ich meine Business« mehr als ein Anzug, der so maßgeschneidert ist, dass er die Aufmerksamkeit selbst vom CEO ablenkt. Dir ist das zu langweilig oder zu klassisch? Ergänze deinen Look und setze ein visuelles Statement mit einem farbenfrohen Seidentuch oder einem auffälligen, edlen Accessoire. Wenn es etwas lockerer zugeht, kannst du dich mit einem eleganten Kleid ausdrücken, das deine Persönlichkeit zum Strahlen bringt und gleichzeitig deine Professionalität unterstreicht.

#Casual Friday: Kleide dich eine Stufe über dem Niveau der anderen

Für den »Casual Friday« darfst du dich gern entspannter und bequemer kleiden, versuche aber dennoch einen professionellen und respektvollen Eindruck zu hinterlassen. Wähle gerne auch Kleidungsstücke, die etwas formeller sind als das, was die anderen tragen. Beispielsweise könntest du dich für eine gut sitzende dunkle Jeans oder eine Stoffhose entscheiden, kombiniert mit einer Bluse oder einem schicken Oberteil. Vermeide zu legere oder zu freizügige Kleidung, um sicherzustellen, dass du dennoch professionell wirkst. Es ist wichtig, die Kultur deines Unternehmens zu berücksichtigen. Wenn dein Unternehmen einen eher konservativen Dresscode hat, solltest du dich auch am »Casual Friday« entsprechend kleiden. Wenn das Unternehmen jedoch eine etwas legerere Atmosphäre hat, hast du möglicherweise etwas mehr Spielraum bei der Wahl deiner Kleidung.

#Jobprofil: Kleide dich für den Job, den du haben willst

Kleide dich nicht nur für den Job, den du bereits hast, sondern kleide dich für den Job, den du haben möchtest. Erinnere dich daran, dass die Art und Weise, wie du dich kleidest, einen Einfluss auf die Wahrnehmung anderer und auf deine eigene Haltung hat. Dein Outfit kann dazu beitragen, dass du als kompetent, ambitioniert und zielorientiert wahrgenommen wirst. Nutze die Macht der Kleidung, um dich auf deinem Karriereweg voranzubringen und dich selbstbewusst zu präsentieren. Möchtest du eine Führungsposition erreichen? Dann kleide dich entsprechend! Wähle Kleidung, die deine Ziele und Ambitionen widerspiegelt und dich bereits in der Rolle erscheinen lässt, die du erreichen möchtest.

#Feminin: Weiblichkeit – dein Ass im Ärmel

Spiele gerade in einer Männerdomäne mit deiner Weiblichkeit, um deinen individuellen Stil zu betonen und dich von der Masse abzuheben, ohne zu sexy zu wirken. Warum solltest du deine wunderschönen weiblichen Reize verbergen, nur weil du von Anzügen und Krawatten umgeben bist? Du hast wunderschöne lange Beine? Dann darfst du sie ganz stilecht zeigen! Wähle Kleidungsstücke mit raffinierten Schnitten, die deine weiblichen Kurven betonen und deiner Figur schmeicheln. Ein tailliertes Kleid oder ein Bleistiftrock können eine elegante Silhouette schaffen und gleichzeitig Professionalität ausstrahlen. Entscheide dich – sofern du das magst – auch für taillierte Kleidungsstücke, die deine Taille betonen und dir eine feminine Ausstrahlung verleihen. Ein gut sitzender Blazer oder eine Bluse mit raffinierten Details an der Taille können einen subtilen Hauch von Weiblichkeit hinzufügen. Die Accessoires dürfen deine Persönlichkeit unterstreichen, ohne zu überladen zu wirken. Eine schicke Halskette, ein elegantes Armband, eine edle Armbanduhr oder dezente Ohrringe können einen Hauch von Glamour zu deinem Outfit hinzufügen, ohne die Aufmerksamkeit von deinen beruflichen

Fähigkeiten abzulenken. Wähle solche Farben, Töne und Muster, die deine Weiblichkeit betonen, ohne zu knallig oder überwältigend zu wirken. Es sei denn, du arbeitest in einem solchen Umfeld. Schuhe dürfen gern so ausgewählt werden, dass sie dein Outfit perfekt ergänzen. Entscheide dich für elegante Pumps oder Stiefeletten mit einem femininen Touch. Hier kannst du gern etwas mit der Absatzhöhe spielen, um auch bei der Körpergröße auf Augenhöhe mit deinen männlichen Gesprächspartnern zu sein. Vermeide extreme Absatzhöhen, die dir das Laufen zur Herausforderung machen könnten. Frauen, die auf hohen Schuhen nicht laufen können, wirken unsicher.

#Freizügigkeit: Vermeide alles, was zu »nackt« oder zu freizügig ist

Wir dürfen sehr gern mit unseren weiblichen Reizen spielen, doch zu viele nackte Tatsachen wirken unprofessionell und führen dazu, dass Männer uns gern in eine Schublade schieben, in die wir gar nicht reingehören. Wenn du Röcke und Kleider trägst, vermeide zu kurze Längen, die unpassend wirken könnten. Das Gleiche gilt natürlich für Hosen, die – gerade wenn sie »Low Waist« geschnitten sind – zu viel zeigen könnten. Eine gute Faustregel ist es, dich zu fragen, ob du dich in deinem Outfit wohlfühlst, wenn du dich bückst oder hinsetzt. Entscheide dich für Oberteile mit einem moderaten Ausschnitt, der deiner Figur schmeichelt, aber nicht zu viel Dekolleté zeigt. Ein V-Ausschnitt oder ein runder Ausschnitt in einer angemessenen Tiefe können eine gute Option sein. Vermeide zu tiefe Einblicke oder durchsichtige Stoffe, die zu viel enthüllen könnten. Schließlich sollen die Herren der Schöpfung in deiner Umgebung auch noch arbeiten können und nicht vor lauter Aufregung zusammenbrechen.

#Dopamine Dressing: Wähle Kleidung, die deine Stimmung hebt

Die Wahl der richtigen Kleidung kann einen erheblichen Einfluss auf deine Stimmung und dein Selbstwertgefühl haben. Wenn du dich in deiner Kleidung wohlfühlst, wird sich das positiv auf deine Stimmung auswirken und dir helfen, selbstbewusst und erfolgreich aufzutreten. Was erst einmal seltsam klingt, hat sogar einen eigenen Namen bekommen: »Dopamine Dressing«. Das bewusste Wählen von Kleidungsstücken, die uns glücklich und selbstbewusst wirken lassen, kann unsere Dopaminproduktion steigern. Es gibt sie also doch, die Verbindung zwischen unserer Kleidung und unserer mentalen und emotionalen Verfassung![72] Wenn du dich also in einer männerdominierten Branche selbstbewusst und positiv präsentieren möchtest, ist es wichtig, Kleidung zu wählen, die gute Laune und positive Gefühle in dir hervorruft. Lebendige Farben wie Gelb, Orange, Rot oder Pink können deine Energie steigern und dich selbstbewusster wirken lassen. Unsere Kleidung hat auch einen Einfluss auf unsere Fähigkeit, mit Kritik umzugehen: Kritik scheint an einem Anzug sowohl bei Frauen als auch bei Männern abzuperlen. Es scheint, dass das Tragen eines Anzugs eine gewisse emotionale Rüstung bietet.[73] Wähle gern auch Kleidungsstücke, die bequem sind und dein Wohlbefinden unterstützen.

#Rolex-Effekt: Achte auf Details

Kleine Details können einen großen Unterschied machen – sowohl im Leben als auch in deinem Outfit. Wenn es um dein Erscheinungsbild geht, solltest du definitiv auf die kleinen Details achten. Schließlich sagen sie viel über deinen Sinn für Stil und überraschenderweise auch über deinen Status aus: Du bist stolz auf deine wunderschönen Haare, die einer Löwenmähne gleichen? Prima! Achte darauf, dass sie ordentlich gestylt und gepflegt sind. Du verwendest gern Make-up? Wunderbar! Verwende natürliche, frische Farben, die dein Gesicht strahlen lassen und vermeide es, dein Gesicht wie eine Leinwand für experimentelle Kunst zu benutzen. Unterstreiche deine Weiblichkeit, indem du geschickt ausgewählte Accessoires hinzufügst, die dir und deinem Outfit eine besondere Note verleihen, ohne zu überladen zu wirken. In Sachen Accessoires gilt oft das Motto »Weniger ist mehr«. Dies gilt allerdings nicht für Uhren, die in Männerdomänen ein absolutes Statussymbol sein können. Doch jetzt mal unter uns: Sollen wir Frauen nun auch noch bei dem beliebten »Wer hat den längsten?«-Spiel mitmachen? Ehrliche Antwort: Warum nicht, wenn Frau mit einem so kleinen Accessoire ganz unbewusst eine solch frappierende Wirkung erzielt. Du kannst dich in die Riege der Uhren-Enthusiasten einreihen und stolz deinen Zeitmesser präsentieren. Aber sei gewarnt, es wird wild! Die Herren werden ihre Handgelenke schwingen und ihre Chronometer wie Supermodels auf dem Laufsteg vorführen. Oder du trägst lässig eine Fitnessuhr, denn die deutet auf Zielorientierung und Disziplin hin und lässt auf eine Technikaffinität schließen – und das alles, während die Rolex einfach nur die Zeit anzeigt.

#Rote Lippen: Der Lippenstift-Effekt

Wer behauptet, dass Lippenstift keine Wunder bewirken kann, hat sich gründlich getäuscht – die Leistungsfähigkeit steigt mit jeder geschmeidigen Lippenbewegung! Stimmt nicht? Und ob das stimmt. An der »Harvard Medical School« wurde die Wirkung von Make-up und Lippenstift auf die Leistung von Studentinnen erforscht. Die Studienteilnehmerinnen, die Lippenstift trugen, erzielten in Test deutlich bessere Ergebnisse, punkteten also nicht nur mit ihren roten Lippen, sondern mit einer besseren kognitiven Leistungskraft.[74] Also Mädels, vergesst die Bleistifte und Taschenrechner – Lippenstift ist das neue Geheimnis zum Erfolg! Wer hätte gedacht, dass ein Hauch von Farbe auf den Lippen das Gehirn auf Hochtouren bringen kann.

Mit diesen Fashion-Hacks kannst du deinen eigenen Stil entwickeln und dich in männerreichen Branchen erfolgreich kleiden. Vergiss nicht, dass dein Outfit dich unterstützen und dich selbstbewusst fühlen lassen sollte, während du deinen eigenen Weg gehst und deine Karriere vorantreibst. Style like a Goddess und erobere die Business-Welt mit Stil und Selbstvertrauen!

Best Practice: Wie Unternehmen durch gezielte Maßnahmen Frauen fördern können

»*Out of the comfort zone the magic happens!*«

Sophia ist eine begabte Software-Entwicklerin, eine von nur wenigen Frauen in ihrer Firma, in der Männerklischees mehr zählen als der koffeinfreie Sojamilch-Latte in der Kantine. Bei der Arbeit ist sie oft mit herausfordernden Projekten und stressigen Situationen konfrontiert. Erschwerend kommt hinzu, dass sie als einzige Frau in ihrem Team manchmal das Gefühl hat, sich ständig gegenüber ihren männlichen Kollegen beweisen und behaupten zu müssen. Eines Tages, während sie an einem besonders knifflingen Code-Problem arbeitet, bemerkt sie eine Benachrichtigung auf ihrem Computer: »Möchten Sie Hilfe von Athena?« Athena, liest sie weiter, sei ein speziell für Frauen in männerdominierten Branchen entwickelte KI-Mentorin. Neugierig klickt sie auf »Ja«. Innerhalb von Sekunden ist Sophia in einem Chat mit Athena, die sie warmherzig und sehr feminin begrüßt und ihr sofort eine Reihe von Lösungsvorschlägen für ihr aktuelles Problem anbietet. Aber Athena ist mehr als nur eine einfache Hilfsfunktion: Sie ist in der Lage, sowohl technische Fragen zu beantworten als auch Unterstützung in beruflichen und sogar zwischenmenschlichen Angelegenheiten zu bieten. In den kommenden Wochen wendet sich Sophia immer wieder an Athena – ob es nun darum geht, ein komplexes Softwareproblem zu lösen, Ratschläge für ein bevorstehendes Meeting einzuholen oder eine Lösung für ein Hindernis zu finden, auf das Sophia in ihrer männlich orientierten Umgebung gestoßen ist. Das Besondere an Athena ist ihre Fähigkeit, aus Sophias Erfahrungen zu lernen und ihr Feedback individuell anzupassen. Mit der Zeit bemerkt Sophia, wie ihre Zusammenarbeit mit Athena nicht nur ihre Arbeit verbessert, sondern auch ihr Selbstbewusstsein stärkt, wenn sie mit ihren männlichen Kollegen zusammenarbeitet: Sie fühlt sich unterstützt, verstanden und weniger allein in ihrer männlich dominierten Arbeitsumgebung.

Bei einem Team-Meeting einige Monate später schlägt Sophia vor, Athena firmenweit einzuführen. Nach einer beeindruckenden Präsentation, in der sie die Vorteile und ihre persönlichen Erfahrungen mit dem digitalen Mentor-Bot teilt, stimmt das Management zu. Athena wird bald zu einem geschätzten Tool für viele Mitarbeiterinnen. Sophias Karriere blüht auf – an ihrer Seite Athena, die virtuelle Mentorin, die ihr hilft, in einer männerdominierten Welt zu glänzen. Was meinst du? Ist das alles nur Zukunftsblödsinn oder in wenigen Jahren bald Realität?

Von Gleitzeit zu Glitzer-KIs: Wie Unternehmen Frauen in die Testosteron-Zonen locken

Im Zeitalter von Diversität steht das Empowerment von Frauen, besonders in Branchen, in denen mehr Testosteron als Östrogen zu finden ist, hoch im Kurs. Gleichberechtigung? Ja, ich bitte darum! Aber das ist nicht alles. Unternehmen mit einem bunt gemischten Team sind nicht nur leistungsfähiger, sondern auch innovativer und – Überraschung – erfolgreicher! Aber reicht es aus, zu sagen: »Na dann los, Mädels, schnappt euch die Jobs?« Oder darf es ein bisschen mehr sein? Jetzt mal Tacheles: Wie können sowohl große Unternehmen als auch aufstrebende Start-ups noch mehr weibliche Kraft in ihre Reihen bringen? Zunächst sind da die etablierten Ansätze wie die Schaffung einer flexiblen Arbeitsumgebung. Dies umfasst Modelle wie Gleitzeit, die Möglichkeit zu »Workations«, das digitale Arbeiten aus der Ferne oder auch ein Modell, das den Fokus weg von der reinen Anwesenheitskultur hin zu qualitativen Ergebnissen verlagert. Solche Modelle werden mittlerweile von vielen modernen Unternehmen nicht nur angeboten, sondern auch gefördert.

Darüber hinaus erleichtert die Implementierung von Maßnahmen, die Frauen nach der Elternzeit unterstützen, deren Wiedereinstieg ins Berufsleben erheblich. Das Angebot von Eltern-Kind-Büros oder betriebseigenen Kinderbetreuungseinrichtungen stellt nicht nur sicher, dass die Kinder in guten Händen sind, sondern signalisiert auch das Bekenntnis des Unternehmens zur Vereinbarkeit von Familie und Beruf – ein wichtiges Kriterium nicht nur für Mütter.

> »*Wenn das Unternehmen die Rahmenbedingung schafft, in der geregelt ist, dass ich als Frau im Business nicht schlaflose Nächte bekomme, wenn meine Kinder am Tag X früher aus der Kita oder Schule abgeholt werden müssen, wäre das schon hilfreich.*«
> DORIS

Frauennetzwerke in männerdominierten Unternehmen sind wahre Schatztruhen des Potenzials, sowohl für die Firmen als auch für die darin tätigen Frauen. Sie schenken den Frauen nicht nur das Gefühl, gesehen und geschätzt zu werden, sondern stärken auch ihre Bindung und Zufriedenheit. Solche Netzwerke sind Magneten für weibliche Talente; sie signalisieren, dass ein Unternehmen Frauen nicht nur willkommen heißt, sondern sie aktiv fördert. Der Austausch mit anderen Organisationen, die es sich auch zur Aufgabe gemacht haben, Frauen in der Arbeitswelt zu fördern, ist für Unternehmen besonders wertvoll, denn er liefert u. a. den direkten Zugang zu Talent-Pools von hochqualifizierten Frauen, die bereits in Männerdomänen vertreten sind oder arbeiten wollen.

Viele Unternehmen meinen: »Ein bisschen Flexibilität hier, etwas Kinderbetreuung da, ein Frauenstammtisch pro Jahr – und voilà, wir sind divers!« Doch wer sich jetzt schon auf die Schulter klopft, wird den Trend verpassen. Denn: »Out oft he comfort zone the magic happens!« Wir stehen vor einer Ära, in der KI mehr bietet als nur lustige Chatbots. Und nein, wir sprechen nicht von Science-Fiction, sondern von geschäftlichen Innovationen. Klar, diese Ideen könnten für manche wie rote Schuhe zu einem schwarzen Anzug wirken – sehr gewagt! Während einige nachfolgende Ideen sicherlich provokant sind, könnten sie in manchen Unternehmen eine kraftvolle Wirkung entfalten und den Weg für nachhaltigere und tiefgreifendere zukünftige Veränderungen ebnen. Also, liebe Damen und Herren: Schlips richten, High Heels anziehen und auf ins Getümmel!

Karriere-Flirt: Wenn KI mehr Matchmaking macht als Tinder

Die richtigen und vor allem weiblichen Worte können Türen öffnen – auch in Stellenausschreibungen. Doch wie kann man sicherstellen, dass sie die Aufmerksamkeit weiblicher Talente erregen? Hier geht es nicht um Buchstabensalat, sondern um einen echten Kulturwandel. Wie können Unternehmen die Macht der Worte nutzen, um Frauen den Weg zu ebnen?

Unternehmen dürfen eine Sprache verwenden, die Frauen suggeriert, dass sie in männerdominierten Branchen willkommen sind: Worte, die unbewusst männliche Kandidaten bevorzugen könnten, sollten dabei vermieden werden. So werden Worte wie »durchsetzungsstark« oder »dominant« oft als männlich wahrgenommen, während »kollaborativ« oder »teamorientiert« als weibliche Qualitäten gelten. Frauen, insbesondere diejenigen mit Familienverpflichtungen, schätzen oft Flexibilität bei Arbeitszeiten und -orten. Wenn ein Unternehmen familienfreundliche Arbeitszeiten, Tele-Arbeit oder andere entsprechende Vorteile bietet, sollten diese in der Stellenanzeige hervorgehoben werden. Auch dürfen die Aspekte der Unternehmenskultur und Vorteile, die besonders für Frauen attraktiv sein könnten, wie Diversitäts- und Gleichstellungsprogramme, Mentoring und so weiter hervorgehoben werden. Überflüssige Anforderungen, die potenzielle Bewerberinnen abschrecken könnten, sind zu vermeiden. Das bedeutet auf keinen Fall, dass Frau keine Qualifikation mitbringt. Frauen neigen jedoch dazu, sich nur auf Stellen zu bewerben, wenn sie 100 % der Anforderungen erfüllen, während Männer sich oft bewerben, wenn sie nur 60 % erfüllen. Auch die Bildsprache darf Frauen in verschiedenen Positionen und in Führungsfunktionen darstellen. Testimonials von Mitarbeiterinnen können ebenfalls eine positive Wirkung haben.

*»Es muss draußen bei den Frauen klar sein,
dass das Unternehmen Frauen einstellen will.«*
DORIS

Jetzt kommt jedoch das Sahnehäubchen: Künstliche Intelligenz betritt die Bühne. Die Integration von KI in Stellenausschreibungen verspricht eine Revolution in Sachen Geschlechtergerechtigkeit. KI soll hier keine Sprachpolizei sein, sondern genau zeigen, wie Frauen angesprochen werden wollen. Ein Algorithmus in Echtzeit erkennt geschlechtsspezifische oder sogar aggressive Formulierungen und präsentiert alternative Texte, die niemanden abschrecken.

Aber Worte allein reichen nicht aus, um Wandel zu schaffen. Hier kommen gezielte Rekrutierungstage für Frauen ins Spiel. Ein Event nur für die weiblichen Talente – das schafft nicht nur eine inspirierende Atmosphäre, sondern auch die Möglichkeit, Barrieren zu überwinden. In einem Umfeld, das auf individuelle Karriereziele und Erfahrungen eingeht, wird deutlich, dass Unternehmen mehr als nur Worte bieten: Sie schaffen echte Möglichkeiten.

Die finale Runde ist der Einstellungsprozess – und hier lauern unbewusste Vorurteile. Doch wer sagt, dass traditionelle Bewerbungs- und Interviewverfahren die einzige Option sind? Unternehmen setzen auf innovative Wege, um objektive Auswahlverfahren zu schaffen. Durch KI-gestützte Systeme werden Bewerberinnen aufgrund ihrer Fähigkeiten und Potenziale bewertet, ohne Rücksicht auf Geschlecht oder persönliche Informationen. Das Ergebnis? Mehr Fairness und mehr Frauen in Männerbranchen.

Mehr als Kavaliere: Warum Frauen männliche Mentoren brauchen

Wer behauptet eigentlich, dass ausschließlich Frauen für andere Frauen als Rollenvorbilder fungieren können? Selbstverständlich sind weibliche Vorbilder in Mentoring-Programmen unerlässlich und spielen durch ihr konkretes Handeln und ihre Erfahrungen eine zentrale Rolle. Doch echtes Mentoring zeichnet sich durch eine Vielfalt an Perspektiven aus. Daher ist es essenziell, Männer als Mentoren für ihre weiblichen Kolleginnen einzubeziehen. Männliche Mentoren, die sich in dieser Rolle engagieren, strahlen eine bemerkenswerte positive Energie aus, deren Bedeutung nicht unterschätzt werden sollte. Das Spannende dabei ist nicht nur die unterstützende Beziehung vom Mentor zur Mentee, sondern auch umgekehrt. Tatsächlich können weibliche Mentees ihre männlichen Mentoren beeinflussen und in vielerlei Hinsicht bereichern.

> »Indem man Männer als Mentoren für Frauen einsetzt, kann man ihren Beschützerinstinkt ansprechen und ihnen sagen: ›Du, lieber männlicher Vorgesetzter, bist jetzt dafür verantwortlich, dass diese Frau ihren Weg im Unternehmen findet.‹ Dann entsteht nicht nur eine persönliche Verbindung, sondern auch der Wille des Mannes, sich für die Gleichberechtigung einzusetzen.«
>
> SABRINA

Es geht bei diesem Mentoring keineswegs darum, als Frau die männlichen Geschäftspraktiken des Mentors zu kopieren. Vielmehr schafft die Zusammenführung unterschiedlicher Erfahrungen, sozialer Prägungen und Lebenswege einen Mehrwert, von dem sowohl der männliche Mentor als auch die weibliche Mentee profitieren können. Im Zuge des Dialogs in dieser Beziehung erhält nicht nur die Frau Unterstützung und Bestärkung, sondern auch der Mann erweitert seinen Horizont. Durch das Eintauchen in die Herausforderungen und Besonderheiten, mit denen Frauen in einer immer noch überwiegend von Männern dominierten Berufswelt konfrontiert sind, entwickelt der männliche Mentor ein sensibilisiertes Bewusstsein. Diese Erfahrungen beeinflussen seine Reflexionen und können sein Verhalten und Denken positiv verändern. Das Konzept des Reverse-Mentorings beinhaltet somit eine klare gegenseitige Beeinflussung, die beide Seiten weiterentwickelt. Jedoch liegt hierin auch eine beträchtliche Herausforderung. Während Frauen oft schnell von der Notwendigkeit der Frauenförderung überzeugt sind, sehen viele Männer dies noch nicht immer so. Ein gängiges Missverständnis ist die Annahme, dass Frauen ausschließlich weibliche Mentoren brauchen. Doch genau diese Vielfalt in der Mentor-Mentee-Beziehung kann den Weg für Frauen in Männerdomänen ebnen.

Männer, Mythen und Aha-Momente: Workshops bringen Stereotype zum Stolpern

Um Frauen wirkungsvoll in traditionell männlich geprägten Berufsfeldern zu unterstützen, setzen innovative Unternehmen auf maßgeschneiderte Workshops und Schulungen. Diese Programme haben nicht nur das Ziel, frauenspezifische Kompetenzen zu vermitteln, sondern auch das volle Potenzial ihrer weiblichen Stärken auszuschöpfen und erfolgreich einzusetzen.

In meinem sogenannten »Awareness Training«, dass sowohl für weibliche als auch männliche Mitarbeiter:innen eine Bereicherung darstellt, ist ein zentraler Bestandteil die Auseinandersetzung mit dem »Unconscious Bias« – den unbewussten Vorurteilen. Aber nicht nur die Damen profitieren: Auch die Herren erleben so manchen Aha-Moment, der Licht ins Dunkel ihrer Denkmuster bringt. Ziel ist es, sowohl Männern als auch Frauen bewusst zu machen, welche tief verwurzelten Annahmen und Stereotype ihr Handeln gegenseitig beeinflussen und natürlich, wie sie gemeinsam durchstarten können. Meine Erfahrung zeigt, wie wertvoll es ist, solche Schulungen gemischtgeschlechtlich durchzuführen. Das Feedback, das ich von den Teilnehmenden erhalte, ist vielschichtig: Für viele ist es erschreckend zu sehen, wie viel Potenzial sie bisher ungenutzt ließen, nur weil sie sich von alten Stereotypen leiten ließen. Doch viele

Teilnehmer:innen freuen sich über die Vielfalt an Möglichkeiten, die sie gemeinsam haben.

Die Schulungen verpassen Frauen nicht nur ein Upgrade in Sachen Know-how, sondern auch einen Extra-Schuss Selbstvertrauen. Denn wer hat gesagt, dass man für knifflige Herausforderungen nur High Heels und nicht auch High Skills braucht? Mit einem Augenzwinkern und neuem Selbstbewusstsein lernen Frauen, wie man Klischees aus dem Weg räumt und den eigenen roten Teppich im Berufsleben ausrollt. Dank der neu erworbenen Kompetenzen wird das Meeting-Zimmer zum eigenen Laufsteg. Durch die Schulungen erleben aber auch Männer so etwas wie einen geistigen Horizont-Boost. Sie tauchen ein in eine Welt von Perspektiven und Erfahrungen, die möglicherweise bislang in ihrem mentalen Blindspot lagen. Und während sie auf dieser Entdeckungsreise sind, stellen sie fest, dass ein bisschen Verständnis für die Herausforderungen und Stärken ihrer weiblichen Kollegen nicht nur gut für das Karma ist, sondern auch für die Teamarbeit, und dass das die Performance auf ein ganz neues Level hebt.

Im digitalen Zeitalter sind auch Virtual-Reality-Trainings zukünftig ein gangbarer Weg. Diese Simulationen können so gestaltet sein, dass sie die realen Herausforderungen widerspiegeln, mit denen Frauen in Männerbranchen konfrontiert werden. Der wahre Vorteil dieser Technologie liegt in ihrer Fähigkeit, die Benutzerin vollständig in die simulierte Umgebung eintauchen zu lassen. Dies ermöglicht es Frauen, ihre Reaktionen und Interaktionen in bestimmten Situationen zu üben und zu perfektionieren, ohne den Druck oder das Risiko einer echten Konfrontation. Stell dir vor, du findest dich als Frau in einem virtuellen Meeting-Raum wieder, umgeben von männlichen Kollegen. Hier kannst du in Echtzeit und in einer sicheren Umgebung auf Situationen reagieren, Fragen stellen, Entscheidungen treffen und Führungsqualitäten demonstrieren. Also VR-Brille aufsetzen und los geht es! Das ist die perfekte Gelegenheit, virtuell zu brillieren, bevor du die reale Bühne betrittst.

Mehr FKK beim Gehalt: Warum wir endlich die Hüllen fallen lassen dürfen

Weniger ist mehr. Zumindest beim FKK – jedoch nicht beim Gehalt. In Deutschland ist es oft verpönt, unter Kollegen oder gar Freunden über das eigene Gehalt zu sprechen. Da wir lieber über das Wetter als über Gehälter reden, ist das Thema Entlohnung oft heikler als ein Familienessen an Weihnachten. Dabei steht fest, dass Frauen für identische Tätigkeiten nicht selten weniger Entlohnung erhalten als ihre männlichen Pendants. Um diese Schieflage zu beheben, Gehaltsparität herzustellen und Frauen besonders zu motivieren, in Männerdomänen zu starten, sollten Unternehmen in diesen Branchen nicht nur für gleiche Bezahlung sorgen, sondern zusätzlich attraktive Gehaltsangebote offerieren. Ein großzügiger Gehaltsausgleich könnte das Commitment eines Unternehmens zu seinen Mitarbeiterinnen unterstreichen und die Botschaft senden: »Frauen, eure Arbeit ist uns Gold wert!« Frauen und Männer sollen für gleiche und gleichwertige Arbeit endlich auch den gleichen Lohn erhalten. Das sieht auch die Entgelttransparenz-Richtlinie vor, die der Rat der Europäischen Union im April 2023 final annahm.

> *»Karriereprozesse und Gehälter sollten transparent sein, damit Frauen wissen, was sie tun müssen, um aufzusteigen, und wie das entlohnt wird.«*
> SABRINA

Indem Unternehmen Leistungsreviews und Gehälter offenlegen, wird ein Umfeld geschaffen, in welchem alle Mitarbeiter ihre Bewertungen und Gehälter miteinander vergleichen können. Solch eine Transparenz kann geschlechtsspezifische Stereotype und unbewusste Vorurteile aufdecken. Auch hier kann die KI fortschrittlich unterstützen. Wenn beispielsweise ein Muster erkannt wird, bei dem Frauen für ähnliche Positionen systematisch geringer bezahlt werden, kann die KI proaktiv Lösungsvorschläge präsentieren. Hierbei gilt es natürlich, als Unternehmen in einer Art und Weise vorzugehen, die für alle männlichen und weiblichen Kollegen wertschätzend und respektvoll ist. Ein bedeutender Ansporn für ambitionierte junge Frauen, sich für traditionell männlich dominierte Sektoren zu entscheiden, könnten gezielte Stipendien oder Bildungsförderungen sein. Unternehmen, die solch verheißungsvolle Anreize offerieren, verkünden lautstark: »Wir schätzen dein Talent als Frau und fördern deinen beruflichen Werdegang in unserem Hause.« Solche Bildungsunterstützungen können den monetären Stress für Studentinnen mildern und sie bestärken, ihre Karrierewege mutig in männlich geprägten Berufsfeldern zu verfolgen.

Also liebe Damen, wer wagt es, das Tabu zu brechen und bei der nächsten Kaffeepause über FKK, das Wetter und vielleicht auch über Gehälter zu plaudern?

Botschafterinnen als Leuchttürme: Wenn Frauen zum Werbe-Hotspot werden

In der Werbewelt gibt es oft mehr Stereotype als in einem alten Sitcom-Marathon! Besonders Frauen bekommen das zu spüren – in männerdominierten Branchen erscheinen sie oft eher als schmückendes Beiwerk denn als Protagonistinnen. Stell dir einen Werbespot für einen Bohrmaschinenhersteller vor, die Hauptrolle spielt ... eine Frau? Klingt verrückt? Nun, nicht mehr! Wir schreiben das 21. Jahrhundert und Unternehmen haben endlich den Memozettel gefunden, der sagt: »Möchtet ihr mehr Frauen gewinnen? Dann stellt mehr Frauen in den Mittelpunkt!« Jetzt geht's richtig los mit Marketingkampagnen, in denen Frauen nicht nur am Steuer sitzen, sondern auch den Turbo zünden. Das Signal? Mädels, hier könnt ihr nicht nur mitmischen, sondern den Laden rocken!

Obwohl Frauen in der Werbung, insbesondere in männerdominierten Branchen, oft unterrepräsentiert sind oder stereotyp dargestellt werden, zeichnet sich ein positiver Trend ab. Immer mehr Unternehmen erkennen die Notwendigkeit, dies zu ändern und initiieren gezielte Marketing-Kampagnen, in denen Frauen in Fach- und Führungspositionen im Rampenlicht stehen. Eine solche Darstellung sendet eine entscheidende Botschaft aus: Frauen sind in diesen Bereichen herzlich willkommen und können darin auch erfolgreich sein und leitende Positionen einnehmen. Dies fördert nicht nur das Selbstwertgefühl der bereits in diesen Feldern tätigen Frauen, sondern ermutigt auch andere, den ersten Schritt in männerdominierte Branchen zu wagen.

> *»Wenn Frauen keine sichtbaren Vorbilder oder Role Models in ihren Unternehmen sehen, könnten sie weniger motiviert sein, eine erfolgreiche Karriere anzustreben.«*
> ELENA

Doch die wirkliche Kraft entfaltet sich, wenn Frauen, die diesen oft steinigen Pfad schon gemeistert haben, sich aktiv einbringen. Indem sie als Botschafterinnen auftreten, ihre persönlichen Geschichten teilen und ihre Erfahrungen weitergeben, werden sie zu wahren Leuchtfeuern für die nachfolgenden Generationen. Sie erreichen dies durch Vorträge an Schulen, Workshops an Universitäten oder ihre Präsenz auf Karrieremessen. Allein ihr sichtbarer Erfolg kann eine immense Inspiration sein. Wenn diese Frauen dann noch offen über ihre Herausforderungen sprechen, vermitteln sie, dass trotz aller Hürden der Erfolg möglich und der Weg dorthin lohnenswert ist. Also Mädels, ran an die Bohrmaschinen – oder was auch immer euer Ding ist!

Vom Gender Bingo zum Meeting-Avatar: Wenn »SuperBrain888« die besten Ideen hat

In der modernen Arbeitswelt ist das Gendern nicht nur ein Trend, sondern für viele schon genauso alltäglich wie der morgendliche Kaffee – ob man ihn nun schwarz oder mit Milch mag. Das Streben nach geschlechtsinklusiver Sprache hat in zahlreichen Unternehmen Einzug gehalten. Doch in einer Ära, in der die Digitalisierung unaufhaltsam voranschreitet und die virtuelle Interaktion zur gängigen Praxis wird, eröffnet sich uns ein faszinierendes Konzept: die temporäre Anonymisierung unserer Identität. Dies spiegelt sich in der Verwendung von Avataren auf virtuellen Meeting-Plattformen wider. Stell dir vor, alle Mitarbeiter, unabhängig von ihrem Geschlecht, agieren für einen festgelegten Zeitraum unter Decknamen. Jegliche Kommunikation würde textbasiert oder digital über E-Mail und Chat verlaufen, wobei persönliche Attribute wie Geschlecht, Alter und so weiter unerkannt bleiben. In dieser Umgebung wird die Qualität einer Arbeit nicht durch Geschlechtsstereotype oder Vorurteile getrübt, sondern objektiv bewertet.

Insbesondere in den initialen kreativen Brainstorming-Phasen von Projekten könnte dies zu einer unverfälschteren und unparteiischen Einschätzung von Ideen führen. Es zählt nicht mehr die Frage »Von wem stammt der Vorschlag?«, sondern die essenzielle Frage »Wie innovativ und effektiv ist die Idee?«. Ein gewagtes Unterfangen, zweifelsohne. Doch solch ein Ansatz birgt das Potenzial, die verborgenen Mechanismen von Vorurteilen zu entmystifizieren. Er fördert zudem eine Arbeitskultur, in der sich jedes Teammitglied, unabhängig von Geschlecht oder anderen äußeren Merkmalen, wertgeschätzt und gehört fühlt.

Skeptiker mögen einwenden, dass solche Ansätze lediglich Symptome bekämpfen, anstatt die tatsächlichen Ursachen von Diskriminierung anzugehen. Dennoch offerieren sie eine bedeutsame Gelegenheit zur introspektiven Reflexion. Natürlich ist das nicht die magische Lösung für alle Probleme, und wir können nicht alle Vorurteile einfach ausschalten. Aber manchmal könnte in dieser verrückten, sich ständig ändernden Welt ein bisschen Anonymität und ein Augenzwinkern genau das sein, was wir brauchen, um einen Schritt in Richtung einer gerechteren (und spaßigeren) Arbeitswelt zu machen. Also liebe Ladys, wer macht mit beim nächsten anonymen Brainstorming-Meeting?

Jede aufgeführte Lösung setzt Mut, ein aktives Engagement des Unternehmens und die Unterstützung durch externe Partner voraus. Gelegentlich ist es notwendig, eine Extraportion Motivation von außen zu erhalten – oder vielleicht sogar einen energischen Anstoß in die richtige Richtung.

Auf dicke Hose machen: Die Top-10-Hacks für Frauen in männerdominierten Branchen

»Wenn die Menschen in deinem Umfeld noch nicht glauben, dass du verrückt geworden bist, hast du dein volles Potenzial noch nicht ausgeschöpft.«

Ah, Männerdomänen – diese wundersamen Orte, an denen Bärte, Krawatten und der Duft von Testosteron zu Hause sind! Aber was, wenn du als Frau in diesem Ozean von Männlichkeit schwimmen und dich genau dort behaupten möchtest? Keine Sorge, denn in diesem Kapitel werde ich dir die Top-10-Hacks vorstellen, die von vielen Teilnehmerinnen meiner Workshops praxiserprobt sind und dir helfen werden, in Männerbranchen durchzustarten, ob du nun eine steile Karriere anstrebst oder einfach eine erfolgreiche Expertin auf deinem Gebiet sein möchten. Also Ärmel hochkrempeln und ran an den Hack!

#Hack No. 1: Platz da!

In Männerdomänen kann es notwendig sein, sowohl physisch als auch metaphorisch Platz einzunehmen. Das bedeutet nicht nur, körperlich Raum zu beanspruchen (z. B. in Meetings), sondern auch aktiv deine Meinung zu äußern und deine Ideen einzubringen. Fordere deinen Platz ein und sieh es als Selbstverständlichkeit, dass dir als Frau genau dieser Platz zusteht! Dabei ist es entscheidend, selbstbewusst und präsent zu sein. Ganz nach dem Motto: »Brust raus, Rücken gerade!« Lass dich nicht einschüchtern und nimm dir souverän am Tisch einen sehr prominenten Platz. Selbst wenn der Kollege neben dir wieder einmal mit breitbeiniger Haltung oder gekreuzten Armen hinter dem Kopf Dominanzverhalten zeigt, erinnere dich daran, selbstbewusst und aufrecht zu sitzen. Lege die Hände auf den Stuhllehnen ab! Verstecke dich nicht hinter Flipcharts oder langen PowerPoint-Präsentationen! Lass dich nicht übersehen oder übertönen, indem du dich innerlich oder äußerlich klein machst!

Ein positives Mindset kann auch dabei helfen, präsenter zu wirken. Es wird sicherlich Tage geben, an denen du dich fragst, warum einige Männer so vehement ihr vermeintliches Revier verteidigen. In solchen Momenten sage dir gerne: »Ich bin willkommen, und man(n) freut sich auf mich.« Damit setzt du einen positiven Trigger, wenn dein Arbeitstag beginnt. Wenn du Präsenz zeigst und es als selbstverständlich hinnimmst, dass dir dein Platz in der Männerdomäne zusteht, kann man(n) dich nicht übersehen. Du wirst vielmehr als engagierte und geschätzte Mitarbeiterin wahrgenommen. Deine Meinungen und Ideen sind genauso wichtig wie die deiner männlichen Kollegen. Nimm deinen Raum ein und das mit weiblicher Eleganz und Stil!

#Hack No. 2: Dass ich nicht lache!

In Männerdomänen erfolgreich zu arbeiten erfordert eine gute Portion Schlagfertigkeit und Humor. Nimm bitte nicht alles bierernst: Unter Männern werden oft scharfe Kommentare und Witze ausgetauscht, die uns so gar nicht zum Lachen bringen. Da darf Frau ihren Humor schon selber mitbringen. Wenn du lernst, nicht alles persönlich zu nehmen, zeigt das Souveränität und Gelassenheit. Erkenne, dass nicht jeder Kommentar oder Scherz eine ernsthafte Antwort erfordert! Du kannst zwischen belanglosen Bemerkungen und Witzen unter der Gürtellinie unterscheiden. Indem du nicht auf jeden kleinen Kommentar reagierst, signalisierst du Selbstsicherheit. Denk daran: Du hast zwei Ohren – einmal rein, einmal wieder raus.

Humor ist eine großartige Möglichkeit, schlagfertig auf Kommentare oder Situationen zu reagieren. Wenn du humorvoll bist, kannst du Spannungen reduzieren und Sympathie gewinnen. Dabei ist es wichtig, dass dein Humor respektvoll ist und niemanden verletzt. Mit einem Augenzwinkern kannst du eine gelassene Atmosphäre schaffen und zeigen, dass du die Dinge nicht zu ernst nimmst. Es schadet nicht, ein paar schlagfertige Antworten, lässige Instantsätze und coole Sprüche in deinem Repertoire zu haben. Denn Schlagfertigkeit erscheint zwar spontan, aber in der jeweiligen Situation kann dein Kollege nicht unterscheiden, ob du dir den Satz gemerkt oder einfach nonchalant aus dem Strumpfband gezaubert hast. Notiere schlagfertige Sätze, wenn du sie von anderen hörst. Auch wenn dir eine schlagfertige Antwort erst viel später einfällt, schreib sie auf, damit du sie das nächste Mal parat hast. Aber sei dabei authentisch und zwinge keinen Witz in eine Situation, in der er nicht passt. Und so manchen mäßig witzigen Kollegen bringst du auch völlig aus dem Konzept, wenn du einfach schweigst, müde lächelst und dabei vielsagend schaust.

#Hack No. 3: Yes, she can!

Als Frau in einer Männerdomäne zu arbeiten, erfordert sinnbildlich 2000 % Selbstvertrauen, damit am Ende eines Arbeitstages noch genug davon übrig ist. Das größte Hindernis ist dabei oft unser eigener Selbstzweifel. Kann ich das wirklich? Was, wenn es nicht klappt? Bin ich gut genug? Bin ich es wert? Vertraue darauf, dass du genau da bist, wo du jetzt bist, weil du es kannst. Dein Selbstvertrauen, Selbstwert, Selbstbewusstsein und deine Fähigkeiten sind Schlüssel zum Erfolg. Wenn Selbstzweifel da sind, die wohlgemerkt sowohl Männer als auch Frauen gelegentlich überkommen, nutze sie als Ansporn, mehr zu lernen und die Kompetenzen zu erwerben, die du benötigst, um deine Projekte souverän zu bewältigen. Was darfst du lernen, welche Fähigkeiten möchtest du entwickeln und wer kann dir dabei helfen, um den nächsten Schritt zu wagen? Wenn du deine Kompetenz stärkst, steigt automatisch dein Selbstvertrauen.

Nimm dabei bitte den Druck raus und sei nicht zu selbstkritisch! Wenn du denkst, dass deine Arbeit gut ist, dann ist sie wahrscheinlich schon auf einem sehr hohen Niveau. Nutze das Feedback von Kollegen und Vorgesetzten, um deine Arbeit weiter zu verbessern, aber verlier dich nicht in Details, die kaum jemand bemerkt. Der Wunsch nach Perfektion kann uns lähmen. Wir verlieren kostbare Zeit für andere wichtige Projekte. Und last but not least: Sei nett zu dir! Deine eigene Wertschätzung ist ein Schlüssel, um zu erkennen, welchen unschätzbaren Wert du für die Menschen in deinem Umfeld und im Business hast! Gib dir gern öfter ein High five im Spiegel und klopf dir auf die Schulter! Geh deinen Weg selbstbewusst und hol dir, was dir zusteht! Yes, you can!

#Hack No. 4: Hello, Mrs. Teflon!

Dein Puls schlägt schneller, die Luft wird knapp und deine Hände werden feucht und kalt. Stressmomente sind uns allen bekannt – insbesondere Frauen, die in Männerdomänen arbeiten, erleben sie nicht selten. Ob es das unverschämte und herabwürdigende Verhalten eines Kollegen ist, ein süffisanter Witz unter der Gürtellinie, das Unterbrechen des eigenen Redebeitrags während eines Meetings oder der Anruf der Kita mitten in einem zeitkritischen Projekt – es gibt unzählige Situationen, die uns Frauen in Stress versetzen können. Doch gerade in stressigen Momenten treffen wir oft schlechtere Entscheidungen, verhalten uns ungerecht und handeln selten so, wie es unserem höchsten Wohl entspricht.

Um diesen Stressmomenten zu begegnen, ist es sinnvoll, sich auf Situationen vorzubereiten, die dich stressen könnten. Stelle dir selbst die Frage: »Was könnte mich heute stressen und wie möchte ich darauf reagieren?« Dies bedeutet nicht, dass wir die stressige Situation herbeiwünschen oder einladen. Es bedeutet einfach, darauf vorbereitet zu sein und eine Lösung parat zu haben, wenn unser Denken, Entscheiden und Handeln eingeschränkt ist. Indem du dir einen Plan zurechtlegst, nimmst du den Stressmomenten ihre Macht und bleibst gelassen und souverän, selbst in herausfordernden Situationen in

Männerbranchen. Denk daran, dass du die Fähigkeit besitzt, mit jeder Situation umzugehen, die dir begegnet. Das ist viel besser, als in Stress zu geraten. Denn Stress macht doch so unschöne Falten.

#Hack No. 5: Mein rechter, rechter Platz ist leer ...

Wenn du in einer Männerdomäne arbeitest, kennst du sicherlich die Momente, in denen du dich manchmal wie auf einer einsamen Reise im Testosteron-Dschungel fühlst. Aber keine Sorge, du musst diese Expedition nicht allein angehen und ständig die Machete schwingen. Es ist an der Zeit, nach Verbündeten Ausschau zu halten. Männliche und weibliche Mentoren stehen bereit, um wertvolle Unterstützung zu bieten. Zögere nicht, ihre Hilfe und Erfahrung anzunehmen bzw. in deinem Unternehmen aktiv danach zu fragen. Such in deinem beruflichen Netzwerk nach Frauen, die ähnliche Herausforderungen gemeistert haben! Teilt euer Wissen und eure Erfahrungen miteinander! Dabei kann nicht nur eine besondere Freundschaft entstehen, sondern es können auch wertvolle Ressourcen im gemeinsamen Arbeiten erschlossen werden.

Ein Netzwerk funktioniert nur gut, wenn alle etwas Wertvolles geben. Vergiss dabei bitte nicht, anderen Frauen in ähnlichen Situationen zu helfen. Gib großzügig dein Wissen und deine Erfahrungen weiter, um anderen Ladys den Weg zu ebnen. Sei ein Vorbild und gerne auch eine Mentorin für diejenigen, die nach dir kommen. In der Zusammenarbeit und Unterstützung unter Frauen liegt eine immense Kraft. Gemeinsam könnt ihr Barrieren überwinden und positive Veränderungen herbeiführen.

#Hack No. 6: Spotlight an!

Wir Frauen haben oft die Tendenz, uns in bescheidener Zurückhaltung zu üben. Besonders dann, wenn wir uns in einer Umgebung befinden, die von Männern dominiert wird und in der männliche Kollegen oft viel Wirbel um ihre Erfolge machen. Doch heute möchte ich dich ermutigen: Bitte versteck dich nicht (mehr)! Es ist an der

Zeit, nicht nur von der zweiten in die erste Reihe, sondern auf die Bühne zu treten, um deine Erfolgsgeschichten zu teilen. Deine harte Arbeit und deine Erfolge verdienen Aufmerksamkeit, und das aus gutem Grund. Dies bedeutet nicht, dass du prahlen oder angeben sollst. Es geht vielmehr darum, die Anerkennung für deine Leistungen zu erhalten und gleichzeitig deine Sichtbarkeit und Präsenz im Business zu stärken.

Nimm aktiv an Meetings teil, beteilige dich an Diskussionen und übernimm die Verantwortung für neue, spannende Projekte, wenn sich die Gelegenheit bietet und nicht erst, wenn man(n) auf dich zukommt. Wenn dir Anerkennung und Lob von anderen gegeben werden, nimm es an. Ein einfaches »Danke« oder »Ich schätze das« kann ausreichen, um deine Wertschätzung zu zeigen, ohne dich unwohl zu fühlen. Du solltest auch immer eine Erfolgsgeschichte parat haben, ähnlich einem Elevator Pitch. Wenn sich die Gelegenheit ergibt, zögere nicht, deine wertvollen Erfahrungen und Erfolge zu teilen. Zeige, dass du genau weißt, was du tust, und dass du es auf beeindruckende Weise meisterst. Wenn du dich unwohl dabei fühlst, deine Erfolgsgeschichten mündlich zu teilen, nutze schriftliche Kommunikationsmittel wie E-Mails, Berichte oder Präsentationen. Dies gibt dir die Möglichkeit, deine Gedanken sorgfältig zu formulieren und ohne Druck zu kommunizieren.

Wenn du Hindernisse überwindest und erfolgreich bist, teile diese Geschichten mit anderen! Sie dienen nicht nur als Inspiration für dich selbst, sondern auch für Frauen, die denselben Weg gehen. Du darfst stolz auf deine Leistungen sein. Dies ist kein Zeichen von Arroganz, sondern ein Ausdruck von Selbstsicherheit und Professionalität. Und ja, als Frauen dürfen wir gern auch auf dicke Hose machen, auch wenn wir keine Hosen tragen. Dein Wirken und deine Fähigkeiten verdienen es, im Rampenlicht zu stehen. Also, schreite selbstbewusst voran und zeige der Welt, was du kannst!

#Hack No. 7: What a woman!

Möchtest du als Frau in einer sogenannten Männerbranche arbeiten, ist es wichtig, dass du authentisch bleibst. Eine der ersten Versuchungen könnte sein, sich wie die männlichen Vorreiter zu verhalten, um in diese Umgebung zu passen. Aber mein Tipp für dich ist: Bleib du selbst! Sei weiblich und einzigartig! Es ist keinesfalls erforderlich, dass du versuchst, das Verhalten deiner männlichen Kollegen zu kopieren, um in deinem Beruf erfolgreich zu sein. Viel wichtiger ist es, deine weiblichen Stärken zu erkennen und zu nutzen, und dir selbst zu erlauben, wieder in vollem Umfang Frau zu sein. Die Tatsache, dass du möglicherweise eine der wenigen Frauen in deinem Fachgebiet bist, kann dir tatsächlich einen Vorteil verschaffen. Indem du aus deinen weiblichen Schätzen schöpfst, deine Weiblichkeit zelebrierst und deine femininen Facetten lebst, kannst du zu einer wahrhaft einzigartigen Bereicherung in einer von Männern dominierten Branche werden. Auch die Wahl deiner Kleidung kann eine Möglichkeit sein, deine Weiblichkeit zu unterstreichen und gleichzeitig in der Männerwelt zu glänzen. Denn wie sagt man so schön: »Kleider machen Ladys!« Du kannst stilvoll und professionell auftreten, ohne dabei deine Weiblichkeit zu verleugnen.

Geh stets mit dem positiven Mindset heran, dass gerade deine einzigartigen Perspektiven, Ideen und Sichtweisen für das männlich geprägte Arbeitsumfeld von unschätzbarem Wert sein können, ganz einfach, weil sie sich von der Norm unterscheiden. Trage deine Weiblichkeit mit Stolz und erkenne sie als Quelle für deine innere Kraft und außergewöhnliche Originalität während deiner beruflichen Reise in einer Männerdomäne! Und wenn du die Dinge noch spannender gestalten möchtest, kannst du ruhig mit deinem femininen Flair spielen und manchmal auch für die eine oder andere männliche Schnappatmung sorgen!

#Hack No. 8: Warum eigentlich nicht?

In einer Männerdomäne zu arbeiten kann manchmal bedeuten, dass wir Frauen uns mit männlichen Normen und etablierten Bedingungen abfinden, ohne sie zu hinterfragen. Doch warum sollten wir das tun? Warum sollten wir Dinge akzeptieren, ohne nachzufragen? Schließlich ist dies der erste Schritt, um sie zu ändern. Mein Tipp ist daher, frage oft nach: »Warum ist das so? Wer sagt eigentlich, dass es nicht möglich ist?« Dies geht Hand in Hand damit, deine eigene Stimme zu erheben. Damit meine ich nicht, unhöflich laut zu sein, sondern reflektiert deine Meinung zu äußern und kluge Fragen zu stellen. Es geht darum zu sagen: »Moment mal, ich zweifle daran, dass es so sein muss, und ich habe eine Idee, die ich gerne einbringen möchte, um es zu ändern.«

Eine wichtige Facette dieser Herangehensweise ist, nicht nur Dinge zu hinterfragen, sondern öfter auch nach Dingen zu fragen – sei es nach einer Gehaltserhöhung oder nach mehr Verantwortung. Hab keine Angst davor, auch mal etwas unverschämter oder fordernder zu sein, wenn es darum geht, das zu bekommen, was du verdienst! Indem du öfter nachfragst und deine Meinung äußerst, kannst du nicht nur deine eigene Position stärken, sondern auch dazu beitragen, Bedingungen zu schaffen, die dich und andere Frauen in deiner Branche nach vorne bringen. Also zögere nicht, deine Hand und deine Stimme zu erheben, um zu fragen: »Warum ist das eigentlich so?«

#Hack No. 9. So ein Zufall!

Der scheinbare Zufall– ein unerwartetes Ereignis, das unsere Wege kreuzt – spielt eine wichtige Rolle bei den größten Erfolgsgeschichten bekannter Persönlichkeiten. Die Kunst besteht darin, die glückliche Gelegenheit zu erkennen und zu nutzen. Dies erfordert Achtsamkeit und eine gewisse Offenheit für unerwartete Entwicklungen.

Du hast Pläne für deine Karriere in einer Männerdomäne gemacht? Wunderbar! Doch im Geschäftsleben sind Überraschungen und unerwartete Chancen allgegenwärtig. Der Zufall kann der Auslöser für innovative Ideen, bahnbrechende Projekte oder eine steile Karriere sein. Mein Tipp: Hab sehr gern einen Plan, doch verlass dich nicht ausschließlich auf vorgezeichnete Wege! Bleib offen für neue spontane Möglichkeiten, die sich aus glücklichen Momenten ergeben! Du sitzt in der Kantine rein zufällig neben dem Leiter eines neuen Ressorts deines Unternehmens? Wunderbar! Mach dich mit ihm bekannt und schau, ob sich in diesem Bereich Möglichkeiten ergeben, deine Expertise einzubringen! Witterst du in einer geschäftlichen Situation eine neue Chance? Ergreif sie gern! Auch wenn sie zuvor nicht auf deinem Plan stand. Wenn du also in einer Männerdomäne arbeitest, sei aufmerksam für diese scheinbar zufälligen Momente, denn sie könnten der Schlüssel zu deinem nächsten großen Coup sein! Sei bereit, neue Wege einzuschlagen und dich auf neue Ideen einzulassen, die sich aus unerwarteten Glücksfällen ergeben können!

#Hack No. 10. Scheiter heiter!

Du hast es vermasselt? Herzlichen Glückwunsch! Das heißt, du hast es probiert. Natürlich wird nicht immer alles glatt laufen. Natürlich wird es Momente geben, in denen du vielleicht auch mal wieder das Krönchen richten musst. Rückschläge sind in jedem Business unvermeidlich. Davon lässt du dich doch nicht abhalten, oder?

Unsere »F-E-H-L-E-R«, die wir zwangsläufig machen, sind oft wertvolle »H-E-L-F-E-R«, allein wenn wir die Buchstaben umdrehen. In jedem Moment des Scheiterns steckt ein wertvolles Lerngeschenk. Leider neigen wir oft dazu, unsere vermeintlichen Misserfolge als größer wahrzunehmen, als sie tatsächlich sind. Aber hier ist die Realität: Die Welt geht nicht unter, nur weil etwas nicht sofort geklappt hat. Also, wenn du dich mal verrennst oder einen Fehler machst, sei nicht zu hart zu dir selbst! Denk daran, dass selbst die größten Genies Missgeschicke erlebt haben! Du bist also in bester Gesellschaft. Das Scheitern ist ein natürlicher Teil des Erfolgsprozesses. Sieh es als Gelegenheit, zu lernen und zu wachsen! Wenn du heiter und gelassen mit Fehlern umgehst, wirst du feststellen, dass du gestärkt daraus hervorgehst und dich schneller in deiner Männerdomäne etablieren kannst. Und wer weiß, vielleicht wird dein nächstes Missgeschick der Höhepunkt einer großartigen Anekdote beim nächsten After-Work-Drink mit deinen Kollegen.

Quellenverzeichnis

1. Siegele, D. (2020). Dann werden Mädchen keine Astronautinnen. Psychologie Heute. https://www.psychologie-heute.de/gesellschaft/artikel-detailansicht/40754-dann-werden-maedchen-keine-astronautinnen.html. Zugegriffen: 03.07.2023

2. UNDP (2023). Gender Social Norms Index: Breaking Down Gender Biases Shifting social norms towards gender equality. https://hdr.undp.org/system/files/documents/hdp-document/gsni202302pdf.pdf. Zugegriffen: 03.07.3023

3. UNDP (2023). Gender Social Norms Index: Breaking Down Gender Biases Shifting social norms towards gender equality. https://hdr.undp.org/system/files/documents/hdp-document/gsni202302pdf.pdf. Zugegriffen: 03.07.3023

4. Rippon, G. (2019). The Gendered Brain. The New Neuroscience that Shatters the Myth of the Female Brain. Page 30-31. VINTAGE Verlag. ISBN 9781784706814

5. West, D., Acar, O., Caruana, A. (2020). Choosing among alternative new product development projects: The role of heuristics. https://doi.org/10.1002/mar.21397. https://onlinelibrary.wiley.com/doi/full/10.1002/mar.21397. Zugegriffen: 03.07.3023

6. Lit.eco.de (2023). Umfrage zum Weltfrauentag zeigt: Vorurteile bezüglich IT- und Technik-Kompetenzen von Frauen immer noch weit verbreitet. https://lit.eco.de/eco-umfrage-zum-weltfrauentag-zeigt-vorurteile-bezueglich-it-und-technik-kompetenzen-von-frauen-immer-noch-weit-verbreitet/. Zugegriffen: 04.07.2023

7. Brizendine, L. (2007). The Female Brain. Page 67. Harmony Books. ISBN 978-0-7679-210-0

8. Kahalon, R., Shnabel, N., Becker, J. (2019). The Effects of Exposure to Positive Gender Stereotypes on Women's and Men's Performance in Counter-Stereotypical Tasks and Pursuit of Agentic and Communal Goals. https://econtent.hogrefe.com/doi/full/10.1027/1864-9335/a000394#d9045e61. Zugegriffen: 04.07.2023

9. Jann, B., Hupka-Brunner, S. (2020). Falsche Selbsteinschätzung hält Frauen von technischen Berufen fern. https://dievolkswirtschaft.ch/de/2020/02/falsche-selbsteinschaetzung-haelt-frauen-von-technischen-berufen-fern/#:~:text=Der%20Frauenanteil%20in%20naturwissenschaftlichen%20und,in%20diesen%20F%C3%A4chern%20systematisch%20untersch%C3%A4tzen. Zugegriffen: 04.07.2023

10. Wüst, K., Burkart, B. (2016). Schlecht gepokert? Warum schneiden Frauen bei Gehaltsverhandlungen schlechter ab als Männer?. GENDER Heft 3, S. 106–121. file:///C:/Users/fraul/Downloads/17886-18767-1-PB.pdf. Zugegriffen: 05.07.2023

11. Artz, B., Goodall, A., Oswald, A. (2016). Do Women Ask? https://warwick.ac.uk/fac/soc/economics/research/workingpapers/2016/twerp_1127_oswald.pdf. Zugegriffen: 05.07.2023

12. Statista (2023). Frauenanteil in Führungspositionen in Deutschland nach Branchen im Jahr 2023. https://de.statista.com/statistik/daten/studie/575509/umfrage/frauenanteil-in-fuehrungspositionen-in-deutschland-nach-branchen/#:~:text=M%C3%A4rz).,F%C3%BChrungspositionen%20rund%2024%2C0%20Prozent. Zugegriffen: 07.07.2023

13. Stettner, A. (2021). Ranking: So heißen die meisten Geschäftsführer in Deutschland. https://www.merkur.de/leben/karriere/geschaeftsfuehrer-namen-ranking-deutschland-ceo-fuehrungskraft-unternehmer-zr-90206433.html. Zugegriffen: 07.07.2023

14. Martinsen, L. (2014). Personality for Leadership. https://www.bi.edu/research/business-review/articles/2014/03/personality-for-leadership/#:~:text=Female%20leaders%20score%20higher%20than,according%20to%20the%20BI%20researchers. Zugegriffen: 06.07.2023

15. McGinn, K., Ruiz Castro, M., Long Lingo, E. (2018). Learning from Mum: Cross-National Evidence Linking Maternal Employment and Adult Children's Outcomes. Sage Journals. Volume 33, Issue 3. https://doi.org/10.1177/0950017018760167. https://journals.sagepub.com/doi/abs/10.1177/0950017018760167. Zugegriffen: 07.07.2023

16. McGinn, K., Ruiz Castro, M., Long Lingo, E. (2018). Learning from Mum: Cross-National Evidence Linking Maternal Employment and Adult Children's Outcomes. Sage Journals. Volume 33, Issue 3. https://doi.org/10.1177/0950017018760167. https://journals.sagepub.com/doi/abs/10.1177/0950017018760167. Zugegriffen: 07.07.2023

17. Schumann-Plekat, C., Gardt, I. (2022). Vereinbar: Frauen, Karriere, Kinder – eine Studie. https://hi.omr.com/hubfs/5050/Vereinbar-Studie-5050-Appinio.pdf?utm_medium=email&_hsmi=65744374&_hsenc=p2ANqtz-9fz1z_auUIdlFcz2dV8QbLWDi6IL-zn4YPKgpFx42j7BPBGDEI51u_1RlR5FY3JQGAGHbcZXoPSv_WrBQydwGFBq2CvQ&utm_content=65744374&utm_source=hs_automation. Zugegriffen am: 07.07.2023

18. Gitnux Statistiken (2023): Die neusten Statistiken zu Beziehungen am Arbeitsplatz 2023. https://blog.gitnux.com/de/beziehungen-am-arbeitsplatz-statistik/. Zugegriffen am: 24.08.2023

19. Statistisches Bundesamt (2022). Gender Pay Gap 2022. https://www.destatis.de/DE/Presse/Pressemitteilungen/2023/01/PD23_036_621.html. Zugegriffen am: 11.08.2023

20 TUM (2022): Vergleichsstudie von TUM und DSW für 2021. https://www.tum.de/aktuelles/alle-meldungen/pressemitteilungen/details/dax-vorstaende-mit-24-prozent-einkommensplus. Zugegriffen am: 10.08.2023

21 AllBright Stiftung gGmbH (2022): Kampf um die besten Köpfe. Die Konkurrenz um Vorständinnen nimmt zu. https://static1.squarespace.com/ static/5c7e8528f4755a0bedc3f8f1/t/636cd28c2b66ef0e3ad9991d/ 1668076186314/AllBright + Bericht + Herbst + 2022 + .pdf. Zugegriffen am: 11.08.2023

22 Liu, S., Seidlitz, J., Blumenthal, J., Clasen, L., Raznahan, A. (2020). Integrative structural, functional, and transcriptomic analyses of sex-biased brain organization in humans. https://doi.org/10.1073/pnas.1919091117. https://www.pnas.org/doi/full/10.1073/pnas.1919091117. Zugegriffen am: 30.06.2023

23 Hilbig, H. (2023). Lexikon der Neurowissenschaft. Geschlechtsunterschiede aus neurowissenschaftlicher Sicht. https://www.spektrum.de/lexikon/neurowissenschaft/geschlechtsunterschiede-aus-neurowissenschaftlicher-sicht/4636. Zugegriffen am: 30.06.2023

24 Kindel, C. (2023). Wie sich Frau und Mann unterscheiden: Verblüffende Erkenntnisse der Forschung. GEO-Magazin. https://www.geo.de/wissen/forschung-und-technik/geschlechterforschung-wie-sich-frau-und-mann-unterscheiden-verblueffende-30179942.html. Zugegriffen am: 20.03.2023

25 Rippon, G. (2019): The Gendered Brain. The New Neuroscience that Shatters the Myth of the Female Brain. Page 30–31. VINTAGE Verlag. ISBN 9781784706814

26 Brizendine, L. (2007). The Female Brain. Page 3. Harmony Books. ISBN 978-0-7679-210-0

27 Rippon, G. (2019). The Gendered Brain. The New Neuroscience that Shatters the Myth of the Female Brain. Page 305. VINTAGE Verlag. ISBN 9781784706814

28 Garcia-Alonso, J., Krentz, M., Lovich, D., Quickenden, S., Brooks Taplett, F. (2019). Lightening the mental load that holds women back. Boston Consulting Group. https://web-assets.bcg.com/img-src/BCG-Lightening-the-Mental-Load-That-Holds-Women-Back-Apr-2019_tcm9-217471.pdf. Zugegriffen am: 20.06.2023

29 Garcia-Alonso, J., Krentz, M., Lovich, D., Quickenden, S., Brooks Taplett, F. (2019). Lightening the mental load that holds women back. Boston Consulting Group. https://web-assets.bcg.com/img-src/BCG-Lightening-the-Mental-Load-That-Holds-Women-Back-Apr-2019_tcm9-217471.pdf. Zugegriffen am: 20.06.2023

30 Garcia-Alonso, J., Krentz, M., Lovich, D., Quickenden, S., Brooks Taplett, F. (2019). Lightening the mental load that holds women back. Boston Consulting Group. https://web-assets.bcg.com/img-src/BCG-Lightening-the-Mental-Load-That-Holds-Women-Back-Apr-2019_tcm9-217471.pdf. Zugegriffen am: 20.06.2023

31 Monster.de (2016). World of Work-Studie: Gleichberechtigung am Arbeitsplatz. https://www.monster.de/karriereberatung/artikel/monster-world-of-work-studie-gleichberechtigung. Zugegriffen am: 14.07.2023

32 wiwo.de (2019). Frauen leisten mehr Stunden ab als Männer. https://www.wiwo.de/erfolg/beruf/unbezahlte-arbeit-frauen-leisten-mehr-stunden-ab-als-maenner/24309240.html. Zugegriffen am: 14.07.2023

33 Albani, C., Hopf, T., Blaser, G., Körner, A., Geyer, M., Volkart, R., Schmutzer, G., Brähler, E. (2007). Interpersonelle Schuldgefühle und psychische Beeinträchtigung. Zeitschrift: Klinische Psychologie und Psychotheraoie. Doi:https://doi.org/10.1026/1616-3443.36.3.153. Zugegriffen am: 12.06.2023

34 Luck-Sikorski, L. (2021). The wide variety of reasons for feeling guilty in adults: findings from a large cross-sectional web-based survey. BMC Psychology. https://doi.org/10.1186/s40359022009083. https: // link.springer.com/epdf/10.1186/s40359-022-00908-3?sharing_token = qck_ 56xszlV0PmVarFmf-CW_BpE1tBhCbnbw3BuzI2RM6IIGDaCdCfpzCBLSmgvsQNszp6o5nY0P0suVtp0WXhkmlJx2xXaQGM7tmHxgTwFU5m4r7nDidGBqNEWUP1T_VW021z9s-vqq45ezKM-hyiDT0nGovowNi1SLQUw9BJdo. Zugegriffen am: 13.06.2023

35 McKinsey & Company (2016). Women in the Workplace 2016. https://wiw-report.s3.amazonaws.com/Women_in_the_Workplace_2016.pdf. Zugegriffen am: 12.06.2023

36 Studie GfK Marktforschung Nürnberg im Auftrag der Apotheken Umschau. http://fin.de/magazin/situationen/artikel/selbstzweifel/. Zugegriffen am: 13.06.2023

37 KPMG (2020). Advancing the Future of Women in Business. The 2020 KPMG Women's Leadership Summit Report. https://info.kpmg.us/content/dam/womensleadership/pdf/2020/2020wlsstudy.pdf. Zugegriffen am: 13.06.2023

38 Hancock, A. B., Rubin, B. A. (2014). Influence of Communication Partner's Gender on Language. Journal of Language and Social Psychology. Volume 34, Issue 1. https://doi.org/10.1177/0261927X145331. Zugegriffen am: 08.09.2023

39 Wrenn, E. (2012). The great gender debate. Mailone. https://www.dailymail.co.uk/sciencetech/article-2205502/The-great-gender-debate-Men-dominate-75-conversation-conference-meetings-study-suggests.html#ixzz4Uo9eUwVR. Zugegriffen am: 21.09.2023

40 Yorke, H. (2017). Women are given a tougher time in interviews than men. The Telegraph. https://www.telegraph.co.uk/news/2017/07/03/women-given-tougher-time-interviews-men-scientists-find/. Zugegriffen am: 5.5.2023

41 Milek, A., Mehl, M. (2020). Reden Frauen mehr als Männer? Spektrum. https://www.spektrum.de/frage/reden-frauen-mehr-als-maenner/1656438. Zugegriffen am: 10.05.2023

42 Karpowitz, C. F., Mendelberg, T. (2014). The Silent Sex: Gender, Deliberation, and Institutions. Princeton University Press. https://doi.org/10.1515/9781400852697. Zugegriffen am: 10.05.2023

43 Kennedy, C. W., Camden, C. (1983). Interruptions and nonverbal gender differences. Journal of Nonverbal Behavior. https://link.springer.com/article/10.1007/BF00986997#citeas. Zugegriffen am: 10.05.2023

44 https://twitter.com/noisyastronomer/status/911214014272765952. Zugegriffen am: 29.05.2023.

45 Briggs, C. Q., Gardner, D. M., Ryan, A. M. (2023). Competence-Questioning Communication and Gender: Exploring Mansplaining, Ignoring, and Interruption Behaviors. Journal Business Psychology 9. S. 1–29. doi: 10.1007/s10869-022-09871-7. https://www.ncbi.nlm.nih.gov/pmc/articles/PMC9838290/ Zugegriffen am: 30.05.2023

46 Rudman, L. A., Phelan, J. E. (2008). Backlash effects for disconfirming gender stereotypes in organizations. Research in Organizational Behavior, Volume 28. S. 61–79. https://doi.org/10.1016/j.riob.2008.04.003. Zugegriffen am: 10.05.2023

47 Dopfer, W. (2016). Mama Trauma: Warum Männer sich nicht von Frauen führen lassen. Knaur Verlag. Seite 34 ff.

48 Dopfer, W. (2016). Mama-Trauma: Warum Männer sich nicht von Frauen führen lassen. Knaur Verlag. S. 42 ff.

49 Dambeck, H. (2018). Männer halten sich für schlauer als gleich schlaue Frauen. https://www.spiegel.de/wissenschaft/mensch/intelligenz-maenner-ueberschaetzen-sich-frauen-unterschaetzen-sich-a-1201229.html. Zugegriffen am: 15.09.2023

50 Cornils, D., Mucha, A., Raststätter, D. (2012). Zur Bedeutung von mikropolitischer Kompetenz für den Aufstieg von Frauen in Führungspositionen – am Beispiel der Handlungsfelder Unternehmenskultur und Selbstdarstellung. DOI: 10.1007/s11612-012-0182-y. Zugegriffen am: 09.06.2023

51 Niederle, M., Vesterlund, L. (2011). Gender and Competition. Stanford University. https://web.stanford.edu/~niederle/NV.AnnualReview.Print.pdf. Zugegriffen am: 10.06.2023

52 Reuben, E., Sapienza, P., Zingales, L. (2023). Overconfidence And Preferences For Competition. DOI 10.3386/w21695. https://www.nber.org/papers/w21695. Zugegriffen am: 09.06.2023

53 Bosquet, C., Combes, P.-P., García-Peñalosa, C. (2018). Gender and Promotions: Evidence from Academic Economists in France. https://doi.org/10.1111/sjoe.12300. Zugegriffen am: 09.06.2023

54 Kesebir, S. (2019). Research: How Women and Men View Competition Differently. Harvard Business Review. https://hbr.org/2019/11/research-how-men-and-women-view-competition-differently. Zugegriffen am: 09.06.2023

55 Niederle, M., Vesterlund, L. (2011). Gender and Competition. Stanford University. https://web.stanford.edu/~niederle/NV.AnnualReview.Print.pdf. Zugegriffen am: 21.09.2023

56 Buser, T. (2019). Women give up competing more easily than men. https://blogs.lse.ac.uk/businessreview/2019/07/09/women-give-up-competing-more-easily-than-men/. Zugegriffen am: 09.06.2023

57 Reuters (2008). Estrogen fuels competitive drive in women. https://www.nbcnews.com/id/wbna24395334. Zugegriffen am: 10.06.2023

58 Eisenegger, C., Naef, M., Snozzi, R. und weitere Autoren (2009). Prejudice and truth about the effect of testosterone on human bargaining behaviour. Nature volume 463. S. 356–359. https://www.nature.com/articles/nature08711#citeas. Zugegriffen am: 10.06.2023

59 Webber, G. (2019). Women's relationships with women at work: Barriers to solidarity. https://doi.org/10.1111/soc4.12698. Zugegriffen am: 09.06.2023

60 Wiebking, J. (2011). Wie Frauen den Erfolg anziehen. https://www.zeit. de/ lebensart/mode/2011-08/business-dress-mode?utm_referrer=https%3A%2F%2Fwww.google.com%2F. Zugegriffen am: 09.06.2023

61 Göricke, J. (2011). Nur kein Fleisch zeigen. https://www.sueddeutsche.de/karriere/dresscode-im-job-nur-kein-fleisch-zeigen-1.1170326 Zugegriffen am: 14.06.2023

62 Davies, G., Lam, M., Harris, S. E., Trampush, J. W., Luciano, M. und weitere Autoren (2018). Study of 300.486 individuals identifies 148 independent genetic loci influencing general cognitive function. Journal: Nature Communications. https://www.nature.com/articles/s41467-018-04362-x Zugegriffen am: 14.06.2023

63 Röhlig, M. (2018). Forscher sagen: Wer Brille trägt, ist schlauer als der Rest. Spiegel Panorama. https://www.spiegel.de/panorama/brillentraeger-sind-intelligenter-als-andere-menschen-laut-dieser-studie-a-00000000-0003-0001-0000-000002456399 Zugegriffen am: 28.11.2023
https://www.spiegel.de/panorama/brillentraeger-sind-intelligenter-als-andere-menschen-laut-dieser-studie-a-00000000-0003-0001-0000-000002456399 Zugegriffen am: 28.11.2023

64 Hoffmann, M. (2015). Warum ein Anzug Sie schlauer macht. Manager Magazin. https://www.manager-magazin.de/lifestyle/mode/studie-anzuege-veraendern-das-denken-a-1038106.html. Zugegriffen am: 26.06.2023

65 Lower, J. (2018) Style Speaks: Clothing Judgments, Gender Stereotypes, and Expectancy Violations of Professional Women. University of Central Florida. STARS. https://stars.library.ucf.edu/cgi/viewcontent.cgi?referer=&httpsredir=1&article=6785&context= etd. Zugegriffen am: 14.09.2023

66 Maran, T., Liegl, S., Moder, S., Kraus, S., Furtner, M. (2021). Clothes make the leader! How leaders can use attire to impact followers' perceptions of charisma and approval. Journal of Business Research, Volume 124. S. 86–99 https://doi.org/10.1016/j.jbusres.2020.11.026

67 Forsythe, S. M. (2019). Effect of Applicant's Clothing on Interviewer's Decision to Hire. Journal of Applied Social Psychology. https://doi.org/10.1111/j.1559-1816.1990.tb01494.x Zugegriffen am: 14.06.2023

68 Glick, P., Larsen, S. E., Branstiter, H., Johnson, C. (2005). Evaluations of Sexy Women In Low- and High-Status Jobs. Psychology of Women Quarterly. Volume 29, Issue 4. https://doi.org/10.1111/j.1471-6402.2005.00238. Zugegriffen am: 14.09.2023

69 Crum, M. (2017). Why Are Powerful Women Icons Always Wearing High Heels? https://www.huffpost.com/entry/why-are-powerful-women-icons-always-wearing-high-heels_n_57155a91e4b0060ccda41a5d. Zugegriffen am: 14.07.2023

70 Pazzanese, C. (2022). Tracking the effects of high heels at work. The Harvard Gazette. https://news.harvard.edu/gazette/story/2022/02/harvard-talk-examines-effects-of-high-heels-at-work/ Zugegriffen am: 14.05.2023

71 Moran, D., Bar-Haim, Y., Liberman, N., Ariely, D. (2012). High Heels Change Women's Risk Perception and Decision Making. Journal of Experimental Psychology: General, 142(1), 144–157.

72 Dawnn, K. (2020). Dress Your Best Life How to Use Fashion Psychology to Take Your Look, and Your Life, to the Next Level. 1. Edition. Little Brown Spark

73 Slepian, M. L., Ferber, S. N., Rutchick, A. M. , Gold, J. M. (2015). The Cognitive Consequences of Formal Clothing. Social Psychological and Personality Science. Volume 6, Issue 6. https://doi.org/10.1177/1948550615579462. Zugegriffen am: 28.09.2023

74 Palumbo, R., Fairfield, B. I., Mammarella, N., Di Domenico, A., Walla, P. (2017). Does make-up make you feel smarter? The »lipstick effect« extended to academic achievement. Cogent Psychology. Volume 4, Issue 1. https://doi.org/10.1080/23311908.2017.1327635

Die Autorin

Kathrin Leinweber ist eine wahre Powerfrau. Als High-Performance-Expertin weiß sie, mit welchen Routinen und Strategien persönliche Bestleistung erreichbar ist. Mit ihrer Expertise und weitreichenden Erfahrung begleitet sie Unternehmen sowie ambitionierte Frauen, die danach streben, ihre eigenen Grenzen zu überschreiten und nachhaltigen Erfolg zu erlangen.

Dabei ist sie eine Pionierin darin, Frauen zu ermutigen, ihre weiblichen Qualitäten auch in Branchen zu leben, die traditionell von Männern dominiert wurden. Mit ihrer knapp 20-jährigen Berufserfahrung als Ex-Finanzerin weiß sie, wie Frauen ihre einzigartigen Fähigkeiten im Business einbringen können, ohne ihre weibliche Identität zu verlieren. Kathrin Leinweber ist eine Quelle der Inspiration für alle, die den Mut haben, erfolgreich ihre eigenen Wege in Männerdomänen zu gehen und dabei stolz ihre Weiblichkeit zu leben.

Kathrin Leinweber hat mehrere internationale Ausbildungen erfolgreich abgeschlossen, u. a. in den USA bei den Koryphäen Brendon Burchard, dem weltweit bekanntesten High-Performance-Coach, und Dr. Bradley Nelson, dem weltweit führenden Experten auf dem Gebiet der Energiepsychologie. Sie ist Gastgeberin des Podcasts »99% Hack« und inspiriert ihre Zuhörer:innen, die Taktiken erfolgreicher Menschen selbst umzusetzen.

Ihre Leidenschaft für die Bretter, die die Welt bedeuten, wurde bei ihrer Schauspielausbildung in New York entfacht. Als Speakerin ist die Powerfrau eine Quelle der Energie und Euphorie, die auf der Bühne mit Leichtigkeit, Charme, Professionalität und spielerischem Wortwitz die Herzen ihres Publikums erobert. Kathrin Leinweber wurde bereits mit verschiedenen Awards, u. a. dem Excellence Award für die beste Bühnen-Performance bei internationalen Speaker Slams, ausgezeichnet. Ihr Credo lautet:

»Verschwende nicht zu viel Zeit auf der Suche nach einem Hindernis: Vielleicht ist ja keins da!«

Mehr zu Kathrin Leinwebers provokanten Thesen, einfallsreichen Hacks sowie spannende Interviews, Videos und private Einblicke in ihren Alltag findet man auf den sozialen Medien (Instagram, Facebook, LinkedIn, Xing und YouTube), auf denen sie zu einem persönlichen Austausch einlädt.

IMPULSGEBER UND KARRIEREBEGLEITER

GLEICH WEITERLESEN?

Unsere **Ratgeber zu Beruf und Karriere** liefern erprobte Strategien und begleiten Sie sowohl beim erfolgreichen Start ins Berufsleben als auch bei der Erreichung Ihrer persönlichen Karriereziele.

Scannen Sie den QR-Code und lassen Sie sich von unseren **Leseproben** zum nächsten **Schritt auf der Karriereleiter** motivieren. Ihr Lieblingsbuch bestellen Sie anschließend mit einem Klick beim Shop Ihrer Wahl!

gabal-verlag.de
gabal-magazin.de

GABAL.
Wissen Vernetzen

Bei uns treffen Sie Entscheider, Macher … Persönlichkeiten, die nach vorn wollen

Seit 1976 bildet GABAL e.V. ein Netzwerk für Menschen, die sich und ihr Business weiterentwickeln möchten.

„Austausch, Praxisnähe, Inspiration und Professionalität – dafür ist GABAL e.V. mit seinen Angeboten ein Garant."
(Anna Nguyen, Unternehmerin)

GABAL e.V.
www.gabal.de

Neugierig geworden? Besuchen Sie uns auf www.gabal.de/mitglied-werden/leistungspakete